Robert Winkler

Biosynthese von Nitroverbindungen: Studie der N-Oxygenase AurF

Robert Winkler

Biosynthese von Nitroverbindungen: Studie der N-Oxygenase AurF

Südwestdeutscher Verlag für Hochschulschriften

Impressum / Imprint

Bibliografische Information der Deutschen Nationalbibliothek: Die Deutsche Nationalbibliothek verzeichnet diese Publikation in der Deutschen Nationalbibliografie; detaillierte bibliografische Daten sind im Internet über http://dnb.d-nb.de abrufbar.

Alle in diesem Buch genannten Marken und Produktnamen unterliegen warenzeichen-, marken- oder patentrechtlichem Schutz bzw. sind Warenzeichen oder eingetragene Warenzeichen der jeweiligen Inhaber. Die Wiedergabe von Marken, Produktnamen, Gebrauchsnamen, Handelsnamen, Warenbezeichnungen u.s.w. in diesem Werk berechtigt auch ohne besondere Kennzeichnung nicht zu der Annahme, dass solche Namen im Sinne der Warenzeichen- und Markenschutzgesetzgebung als frei zu betrachten wären und daher von jedermann benutzt werden dürften.

Bibliographic information published by the Deutsche Nationalbibliothek: The Deutsche Nationalbibliothek lists this publication in the Deutsche Nationalbibliografie; detailed bibliographic data are available in the Internet at http://dnb.d-nb.de.

Any brand names and product names mentioned in this book are subject to trademark, brand or patent protection and are trademarks or registered trademarks of their respective holders. The use of brand names, product names, common names, trade names, product descriptions etc. even without a particular marking in this works is in no way to be construed to mean that such names may be regarded as unrestricted in respect of trademark and brand protection legislation and could thus be used by anyone.

Coverbild / Cover image: www.ingimage.com

Verlag / Publisher:
Südwestdeutscher Verlag für Hochschulschriften
ist ein Imprint der / is a trademark of
AV Akademikerverlag GmbH & Co. KG
Heinrich-Böcking-Str. 6-8, 66121 Saarbrücken, Deutschland / Germany
Email: info@svh-verlag.de

Herstellung: siehe letzte Seite /
Printed at: see last page
ISBN: 978-3-8381-3262-4

Zugl. / Approved by: Jena, FSU, 2007

Copyright © 2013 AV Akademikerverlag GmbH & Co. KG
Alle Rechte vorbehalten. / All rights reserved. Saarbrücken 2013

Inhaltsverzeichnis

1 **Einleitung** 7
  1.1 Natürliche Nitroverbindungen 7
  1.2 Biosynthese von Nitroverbindungen 8
      1.2.1 Direkte Nitrierung 9
      1.2.2 Enzymatische N-Oxygenierung 11
      1.2.3 AurF: Eine neuartige N-Oxygenase in der Aureothin-Biosynthese 14
  1.3 Oxygenasen 17
      1.3.1 Klassifikation von Oxygenasen nach Funktion . . . 18
      1.3.2 Sauerstoffaktivierende Kofaktoren von Oxygenasen 19
      1.3.3 Funktion der Methan-Monooxygenase (MMO) . . . 22
      1.3.4 Selbstschutz von Oxygenasen 25
  1.4 Technische Anwendung von Oxygenasen 25
  1.5 Aufgabenstellung 28

2 **Material und Methoden** 30
  2.1 Kultivierungsmedien 30
      2.1.1 Komplexmedien und Agarplatten 30
      2.1.2 Minimalsalzmedium für die Hochzelldichte-Kultivierung (HCDC) von E. coli 31
      2.1.3 Antibiotika 32
      2.1.4 Herstellung von Agarplatten 32
  2.2 Gentechnische und mikrobiologische Methoden 33
      2.2.1 Bestimmung der DNA-Konzentration 33
      2.2.2 Messung der OD_{600} und Feuchtbiomasse-Konzentration 33
      2.2.3 PCR-Methoden und Primer 33
      2.2.4 Plasmid-Gewinnung: Miniprep 35

2.2.5	Agarose-Gelelektrophorese	36
2.2.6	Restriktion von DNA	37
2.2.7	Aufreinigung und Gelextraktion von DNA	38
2.2.8	Ligation und T/A Klonierung	39
2.2.9	Sequenzierungen und Mutagenesen	39
2.2.10	Herstellung elektrokompetenter *E. coli*-Zellen	39
2.2.11	Transformationen (*E. coli* und *S. lividans*)	40
2.2.12	Blau/Weiß-Selektion	41
2.2.13	Glycerolkonserven und Arbeitszellbanken	42
2.2.14	Übergang von Voll- auf Minimalmedium für *E. coli*	42
2.2.15	Stämme	43
2.2.16	Vektoren und Plasmide	44
2.2.17	Exprimierte Proteine	45
2.3	Herstellung von AurF	45
2.3.1	Hochzelldichte-Kultivierung	45
2.3.2	Aufreinigungsstrategien	46
2.3.3	Lösungen für die Aufreinigung von 9 AS-AurF	46
2.3.4	Primärreinigung	47
2.3.5	Chromatographiesequenz	49
2.3.6	Faktor Xa-Verdau	51
2.3.7	Herstellung von SeMet-substituiertem AurF	51
2.3.8	Dialyse	52
2.4	AurF *N*-Oxygenase-Enzymassays	53
2.4.1	*In vivo*-Assay für *S. lividans*	53
2.4.2	*In vivo*-Assay für *E. coli*	54
2.4.3	*In vitro*-Assay	54
2.4.4	FPLC-Analytik der Reaktion	55
2.5	Proteinanalytik	56
2.5.1	Bestimmung der Proteinkonzentration	56
2.5.2	Isoelektrische Fokussierung	56

	2.5.3	SDS-PAGE	58
	2.5.4	Kolloidale Coomassie-Färbung von SDS-PAGE- und IEF-Gelen	59
	2.5.5	Tryptischer Verdau von SDS-PAGE-Banden	60
	2.5.6	Kapillar-LC Spotting	62
	2.5.7	MALDI-TOF/TOF	63
	2.5.8	Gelfiltration (analytisch)	65
	2.5.9	Elektronenspinresonanz (ESR)	65
	2.5.10	ICP-MS und ICP-OES	66
	2.5.11	Kolorimetrische Bestimmung von Fe und Mn	67
	2.5.12	Kristallisation	67
2.6		Software für Sequenz- und Strukturanalyse	68
2.7		Optische Spektrometrie	68
2.8		ESI-MS und MS/MS	69
2.9		Herstellung von *para*-Hydroxylaminobenzoat (PHABA)	69

3 Ergebnisse 71

3.1		Klonierung, Expression und Aufarbeitung von AurF	71
	3.1.1	Klonierung	71
	3.1.2	Hochzelldichtefermentation	72
	3.1.3	Aufreinigung von AurF	74
	3.1.4	SDS-PAGE-Analyse der Aufreinigung	78
3.2		Aktivitätsuntersuchungen	80
	3.2.1	*In vivo*-Transformation von PABA zu PNBA	80
	3.2.2	*In vitro*-Enzymkinetik	83
	3.2.3	Substratspezifität	86
	3.2.4	Kontinuierliche regioselektive *N*-Oxygenierung	88
3.3		Allgemeine Proteinanalytik	89
	3.3.1	MALDI-TOF und MALDI-TOF/TOF	89
	3.3.2	Native Größe und isoelektrischer Punkt	90

3.4	Untersuchungen zur Kofaktorbestimmung	91
3.4.1	UV/VIS- und Fluoreszenzmessungen	91
3.4.2	Elementanalyse	94
3.4.3	Elektronenspinresonanz	97
3.4.4	HCDC-Kultivierung mit variierten Fe/Mn-Gehalten	99
3.5	Sekundär- und Röntgenkristallstruktur von AurF	100
3.5.1	Zirkulardichroismus	100
3.5.2	Kristallisation und Röntgensstrukturanalyse	103
3.6	Mutageneseexperimente	109

4 Diskussion   **112**

4.1	Klonierung, Expression und Aufreinigung von AurF	112
4.2	Mechanismus I: Sequentielle N-Monooxygenierung	114
4.3	Interaktion zwischen Primär- und Sekundärmetabolismus	116
4.4	Biochemische Eigenschaften von AurF, Kofaktoren und Struktur	117
4.5	Metallkoordinierung und Aminosäuresequenzmotiv	122
4.6	Mechanismus II: Ping-Pong bi bi Mechanismus mit Radikalbeteiligung	128
4.7	Substratbindung: Induced-Fit statt Schlüssel-Schloss	131
4.8	Zusammenfassendes Funktionsmodell	135
4.9	Evolutionärer Ursprung von AurF	135
4.10	Biokatalyse und biomimetische Katalysatoren	138

5 Zusammenfassung   **140**

Abkürzungen   **144**

Literatur   **148**

Anhang   **174**

    Nukleotidsequenz von *aurF*   174

Aminosäuresequenz des MalE-AurF Fusionsproteins 175
Vergleich von Polymerasen zur Klonierung 177
Seltene Codons und Ergänzung durch spezielle Stämme 177
Hochzelldichtefermentation 178
Kontinuierliche N-Oxygenierung 179
Biotransformationen im *in vivo*-Assay 180
MALDI-TOF und MALDI-TOF/TOF Spektren 182
Zirkulardichroismus: Temperaturdenaturierung 183
Übersicht über durchgeführte Mutagenesen 184
Metallkoordinierung: Aminosäureliganden nach SIMURDIAK ET
　AL. 185

1 Einleitung

1.1 Natürliche Nitroverbindungen

Nitroverbindungen werden üblicherweise nicht mit Naturstoffen assoziiert. Dabei gibt es eine beachtliche Anzahl natürlicher Nitroverbindungen mit oft bemerkenswerter Bioaktivität.

Einer der bekanntesten Vertreter ist das 1948 erstmalig beschriebene und nach wie vor eingesetzte Antibiotikum Chloramphenicol[1] (Struktur: siehe Abb. 4, S. 12) aus *Streptomyces venezuelae* [1].

Streptomyces griseoflavus produziert das Peptidlacton Hormaomycin, das sowohl selektiv gegen einige Gram-positive Bakterien wirkt als auch in die Luftmycelbildung und den Sekundärmetabolismus von *Streptomyces* spp. eingreift, und damit den interzellulären Signalsubstanzen zuzuordnen ist [2]. Zur Biosynthese der in der Struktur enthaltenen Nitrozyklopropyleinheiten gibt es zwar erste experimentelle Daten, die als schrittweise *N*-Oxidation interpretiert werden können [3], allerdings sind noch keine entsprechenden Enzyme für die postulierten Reaktionsschritte gefunden worden.

Das Oligosaccharid Ziracin aus *Micromonospora carbonacea* ist stark wirksam gegenüber Gram-positiven Bakterien, insbesondere gegenüber Methicillin-resistente *Staphylococcus* spp. und Vancomycin-resistente *Enterococcus* spp. Die Struktur enthält einen Nitrozucker, wobei die Nitrogruppe zwar nicht für die Aktivität ausschlaggebend ist, aber weitere Modifikationen erleichtert [4].

Aristolochiasäure C (siehe Abb. 1), ein Nitrophenanthrenderivat, wurde als Auslöser der „Chinesischen Kräuter-Nephropathie" identifiziert. Diese schwere Nebenwirkung einer Schlankheitskur betraf v. a. junge belgische Frauen und wurde verursacht durch eine Rezepturänderung.

---

[1] älterer Verbindungsname: Chloromycetin

Zusätzlich aufgenommene chinesische Kräuter enthielten den nephrotoxischen und karzinogenen Nitro-Naturstoff [5].

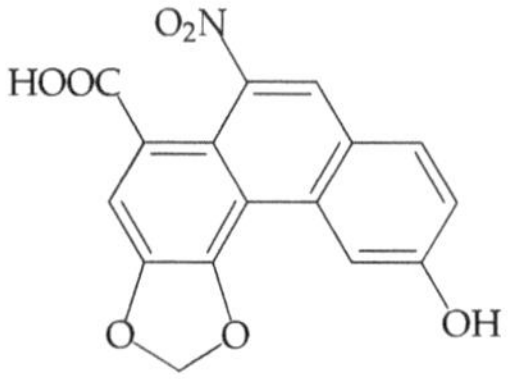

Aristolochiasäure C
„Chinesische Kräuter-Nephropathie"

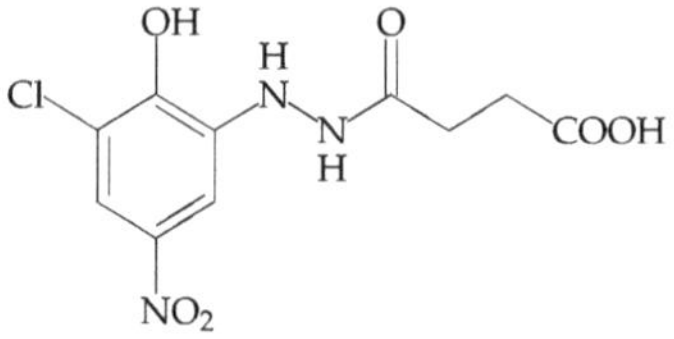

Stephanosporin
Vorstufe von
2-Chlor-4-nitrophenol

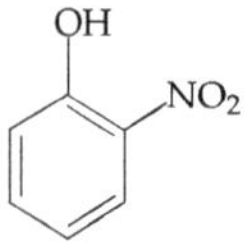

2-Nitrophenol
Zeckenpheromon

Abbildung 1: Nitro-Naturstoffe mit unbekannten Biosynthesewegen

Weitere Beispiele, wie die pilzliche Nitroarylverbindung Stephanosporin (siehe Abb. 1, S. 8), die Vorstufe von 2-Chlor-4-nitrophenol, [6] und das Zeckenaggregationspheromon 2-Nitrophenol (siehe Abb. 1, S. 8) [6] zeigen die weite Verbreitung von Naturstoffen mit Nitrogruppen.

Im folgenden werden Möglichkeiten zur Biosynthese von Nitrogruppen aufgezeigt.

1.2 Biosynthese von Nitroverbindungen

Die Tatsache, dass bisher für keine der unter Abschnitt 1.1 genannten Verbindungen die Biosynthese der Nitrogruppe vollständig aufgeklärt wurde, ist symptomatisch für das lückenhafte Wissen bezüglich natürlicher Nitrogruppenbildung.

In der Literatur sind zwei grundsätzliche Synthesewege beschrieben, nämlich:

1. Direkte Nitrierung.
2. Enzymatische N-Oxygenierung primärer Amine.

Diese sollen nun näher beleuchtet werden.

1.2.1 Direkte Nitrierung

Direkte Nitrierung erfolgt durch Substitution an Aromaten:

$$Ar + NO_2^+ \rightarrow Ar\text{-}NO_2 + H^+ \qquad (1)$$

Biosynthese der Nitrogruppe über direkte Nitrierung wurde für das Antibiotikum Dioxapyrrolomycin aus *Streptomyces fumamus* [7] und das Nitroalkaloid 1-Nitroaknadinin aus *Stephania sutchuenensis* nachgewiesen (siehe Abb. 2) [8].

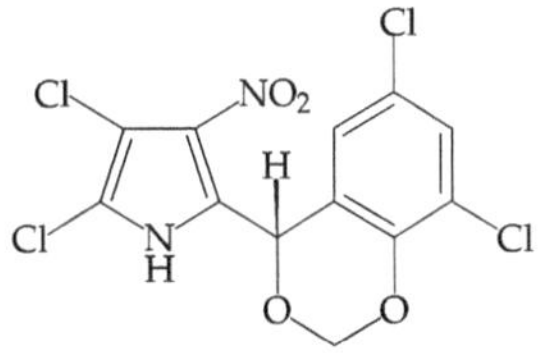

Dioxapyrrolomycin
antibiotisch

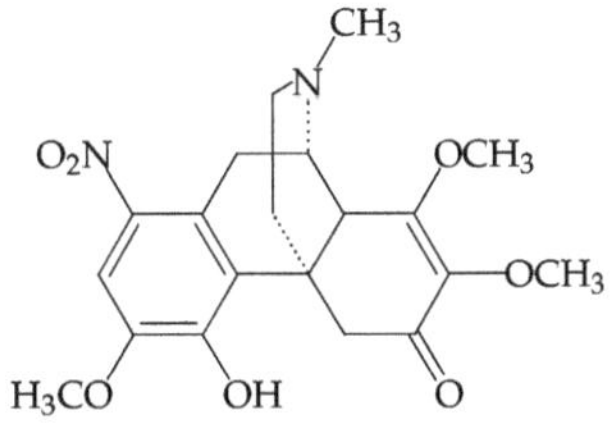

1-Nitroaknadinin
Nitroalkaloid

Abbildung 2: *Nitro-Naturstoffe aus direkter Nitrierung*

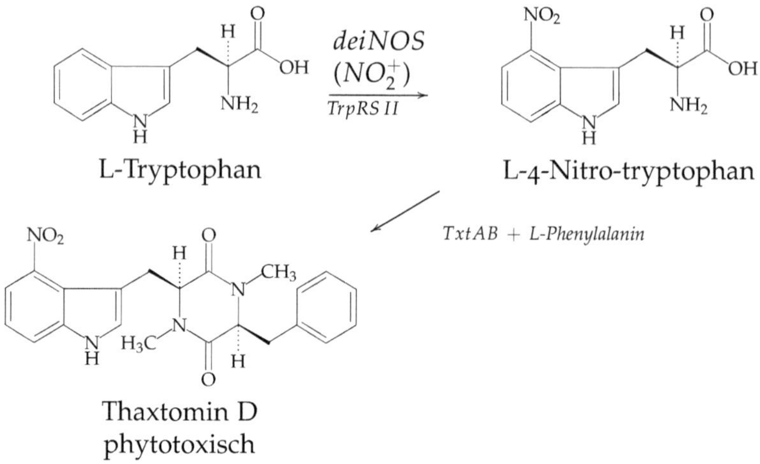

Abbildung 3: *Biosynthese von Thaxtomin D*

Dieser Mechanismus zur Nitrogruppenbildung wurde bisher am besten untersucht für die Biosynthese des Dipeptids Thaxtomin D (siehe Abb. 3).

KERS ET AL. hatten gezeigt, dass das für biosynthetische Nitrierungen nötige Nitryl (NO_2^+) aus Stickstoffmonoxid (NO) entsteht. NO wiederum wird durch eine bakterielle NO-Synthase (NOS) aus L-Arginin gebildet. Diese Entdeckung war außergewöhnlich, da NOS üblicherweise aus Säugern bekannt waren [9, 10]. Durch die Kopplung von *Deinococcus radiodurans* NOS (*dei*NOS) mit der Tryptophan-tRNA-Synthase TrpRS II konnte sowohl die Aktivität deutlich erhöht werden, als auch die Regioselektivität, mit L-4-Nitro-Tryptophan als bevorzugtem Produkt [11]. Dieses wiederum kann durch die Thaxtomin-Synthetase (TxtAB) mit L-Phenylalanin zu Thaxtomin D verknüpft werden. Oxygenierungen führen dann zu weiteren Thaxtomin-Derivaten [12], die für die Phytotoxizität von *Streptomyces* spp. verantwortlich sind.

1.2.2 Enzymatische N-Oxygenierung

Haloperoxidasen
Haloperoxidasen sind unter speziellen Voraussetzungen fähig, N-Oxidationen zu katalysieren:

$$Ar\text{-}NH_2 + H_2O_2 \rightarrow Ar\text{-}NO_2 + H_2O \quad (nicht\ ausgeglichen) \quad (2)$$

Die genauen Mechanismen sind noch unklar, laufen aber vermutlich über reaktive Sauerstoffspezies. Oft sind für diese Reaktionen extreme, unnatürliche Bedingungen notwendig.

Fungale Chlorperoxidase (EC 1.11.1.10) beispielsweise katalysiert sowohl die Halogenierung als auch die N-Oxidation von 4-Chloranilin. Bei Abwesenheit von Halogensalzen ist nur die Oxidationsreaktion über 4-Chlorhydroxylaminobenzen zu 4-Chlornitrosobenzen vorhanden. Diese Reaktion ist aber nur bei einem pH unter 5,5, mit einem Optimum bei pH 3,5-4,0, katalytisch und benötigt H_2O_2 als Substrat für die Peroxidase-Aktivität [13].

Eine andere Haloperoxidase, die Nicht-Häm Bromperoxidase aus *Pseudomonas putida*, oxidiert bei Abwesenheit von Bromidionen Anilin über Azo- und Azoxybenzen zu Nitrobenzen [14].

Für eine Chlorperoxidase (CPO-P) aus dem Pyrrolnitrin[2]-Produzenten *Pseudomonas pyrrocinia* wurde nachgewiesen, dass diese bei einem pH-Wert von 4,5 und 40 mM H_2O_2 die Aminovorstufe von Pyrrolnitrin zu Pyrrolnitrin oxidieren kann [15]. Unter physiologischen Bedingungen ist die CPO-P allerdings nicht an der Biosynthese beteiligt, wie die Analyse des Pyrrolnitrin-Genclusters in *Pseudomonas fluorescens* und weitere Experimente ergaben. Vielmehr wird die Nitrogruppe durch die

---

[2]Struktur: siehe Abb. 4, S. 12

3-Nitropropansäure
toxisch
Hiptagin-Komp.
Nitrifizierung

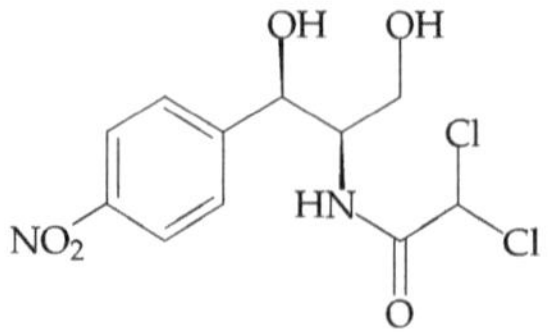

Chloramphenicol
antibiotisch

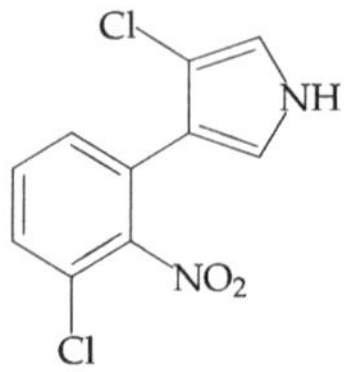

Pyrrolnitrin
antifungal

Abbildung 4: Nitroverbindungen aus Oxygenierung primärer Amine

Oxygenierung des primären Amins gebildet (siehe folgender Abschnitt) [16–18].

Echte N-Oxygenasen

Bei diesem Weg der Nitrogruppenbildung integrieren Oxygenasen molekularen Sauerstoff in primäre Amine:

$$R\text{-}NH_2 + O_2 \rightarrow R\text{-}NO_2 \qquad (nicht\ ausgeglichen) \qquad (3)$$

Im Abschnitt 1.3, der sich ab S. 17 mit Oxygenasen beschäftigt, werden die dabei beteiligten Enzyme und mögliche Mechanismen behandelt.

Es gibt viele Hinweise darauf, dass diese Route für die Biosynthese von Nitro-Naturstoffen von entscheidender Bedeutung ist [19].

WINOGRADSKY hatte bereits 1890 [20][3] nitrifizierende Bakterien isoliert und erkannt, dass der Gesamtprozess aerob konsekutiv in zwei

---
[3]Übersetzung und Kommentar von BROCK [21]

Schritten durch Ammonium-oxidierende und Nitrit-oxidierende Bakterien (AOB/NOB) abläuft. Das gut untersuchte AOB/NOB-Modell der aeroben Nitrifizierung führt über zwei Intermediate zum Nitrat [22]:

$$NH_3 \xrightarrow{AMO} NH_2OH \xrightarrow{HAO} NO_2^- \xrightarrow{NOR} NO_3^- \qquad (4)$$

wobei AMO und HAO für eine Ammonium-, bzw. Hydroxylaminoxygenase stehen, und NOR für eine Nitritoxidoreduktase. Energetisch sind dabei sowohl die zwei Oxygenierungen zum Nitrit als auch die Oxidation zum Nitrat begünstigt. Erstaunlicherweise werden jedoch nicht alle Schritte im selben Organismus durchgeführt, sondern NH_2OH/NO_2^- wird vom AOB ausgeschleust, anschließend vom NOB aufgenommen, oxidiert und wieder in die Umgebung abgegeben. Diese Arbeitsteilung resultiert in optimalen Stoffwechselweglängen und somit maximalen Ertrag an ATP [22].

Der einfachste Nitro-Naturstoff ist die toxische 3-Nitropropansäure (siehe Abb. 4). Diese Verbindung ist sowohl aus Pflanzen (*Indigofera spicata*) [23] als auch aus Pilzen bekannt (*Aspergillus* spp., *Penicillium atrovenetum*) [24, 25] und zudem Bestandteil des Glycosids Hiptagin [26]. Freie 3-Nitropropansäure wirkt als irreversibler Inhibitor von Säuger-Succinat-Dehydrogenasen [27] und scheint auch bei der pilzlichen Nitrifizierung eine Schlüsselposition einzunehmen [27]. Anhand von Isotopenmarkierungsstudien konnte für die Biosynthese von 3-Nitropropansäure in Pilzen nachgewiesen werden, dass beide Sauerstoffatome der Nitrogruppe von molekularem Sauerstoff stammen [27, 28]. Ein biosynthetischer Weg mit sequentieller Oxidation wurde bereits früher für pflanzliche 3-Nitropropansäure vorgeschlagen [23], Informationen über nitrogruppenbildende Enzyme liegen jedoch für beide Fälle noch nicht vor.

Auch für das bereits erwähnte Chloramphenicol (siehe S. 7 und Abb. 4) wird als finaler Schritt die Oxidation eines primären Amins zur Nitrogruppe vorgeschlagen. Anhand des Biosynthese-Genclusters konnte aber noch kein entsprechendes Enzym identifiziert werden [29].

Die erste in einer Biosynthese involvierte *N*-Oxygenase wurde mit PrnD im Gencluster für Pyrrolnitrin[4] (siehe Abb. 4) in *Pseudomonas fluorescens* entdeckt. Es konnte nachgewiesen werden, dass PrnD die Oxygenierung einer Vorstufe von Pyrrolnitrin mit primärer Aminogruppe zum Endprodukt mit Nitrogruppe katalysiert. Anhand von Sequenzhomologien wurde diese *N*-(Aryl-)Oxygenase als [2Fe-2S] Rieske-(Nichthäm-Eisen)-Protein klassifiziert [16, 17]. Biochemische Untersuchungen zu Struktur und Aktivität bestätigten diese Annotation [32].

Über den Mechanismus der *N*-Oxygenierung waren vor Veröffentlichung von Resultaten dieser Arbeit noch keine Einzelheiten bekannt[5].

1.2.3 AurF: Eine neuartige *N*-Oxygenase in der Aureothin-Biosynthese

Bereits kurz nach der ersten Beschreibung von *Streptomyces thioluteus* (1952, [33][6]) wurde Aureothin als ein toxisches Produkt dieses Stammes identifiziert und untersucht. Spätere Arbeiten bewiesen zytotoxische, antifungale und insektizidale Aktivität dieses Naturstoffes [38, 39].

1961 wurde von HIRATA ET AL. die Struktur von Aureothin (siehe Abb. 5) als Naturstoff mit ungewöhnlicher Nitroaryleinheit aufgeklärt [40].

Auf der Suche nach dem Ursprung der Nitrogruppe wurde im folgenden die Fähigkeit von *Streptomyces thioluteus* untersucht, *para*-Aminobenzoat (PABA) zu *para*-Nitrobenzoat (PNBA), sowie andere primäre

---

[4]erste Beschreibungen: [30, 31]
[5]siehe Diskussion 4.2, S. 4.2
[6]Weitere Referenzen zur Taxonomie: [34], [35], [36], [37]

Amine zu korrespondierenden Nitrogruppen zu oxidieren. Dabei wurde mit ^{18}O-Markierungsstudien nachgewiesen, dass beide Sauerstoffatome der Nitrogruppe aus molekularem Sauerstoff hervorgehen [41–43].

Es wurde auch vermutet, dass sich die nitroaromatische Einheit des Aureothins von einem Degradationsprodukt des *p*-Aminophenylalanins ableiten könnte [44], ein schlüssiges Modell der Biosynthese konnte jedoch nicht erstellt werden.

Mehr als 40 Jahre nach der Strukturaufklärung des Aureothins, wurde 2003 am Leibniz-Institut für Naturstoff-Forschung und Infektionsbiologie HKI Jena von HE und HERTWECK der Aureothin-Biosynthese-Gencluster aus *Streptomyces thioluteus* aufgeklärt werden [45] (siehe Abb. 5).

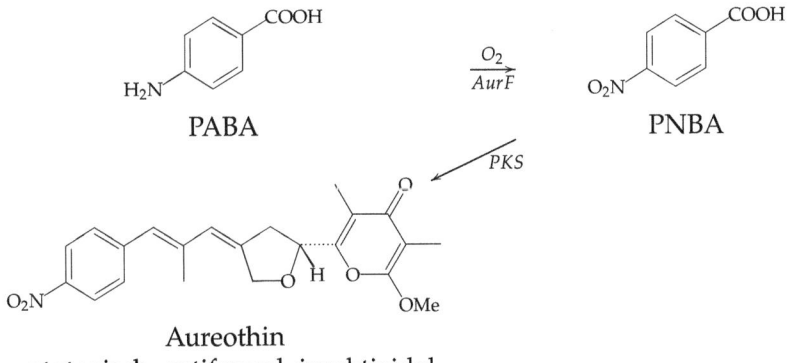

Abbildung 5: Funktion von AurF in der Aureothin-Biosynthese

Über Knock-Out- und Komplementierungsstudien konnte einem „Open Reading Frame" (ORF) namens *aurF* eine ungewöhnliche N-Oxygenase-Aktivität zugewiesen werden. AurF katalysiert die Oxygenierung von PABA zu PNBA. Dieses wiederum stellt die seltene Nitroaryl-Startereinheit für die Polyketidsynthase (PKS) dar.

Da Annotationsversuche anhand der Sequenz scheiterten, handelt es sich offensichtlich um eine neue Enzymsubklasse [45, 46].

Die Einflussnahme einer P450-Oxygenase im Gencluster konnte in weiteren Versuchsreihen ausgeschlossen werden [47]. Des Weiteren ermöglichte eine *aurF*-Nullmutante die mutasynthetische Herstellung von Aureonitril, einem Aureothinderivat, bei dem die Nitrogruppe durch eine Cyanogruppe ersetzt ist, und deutlich verbesserte zytostatische Eigenschaften aufweist [48].

Nach PrnD aus *Pseudomonas fluorescens* wurde mit AurF erst die zweite echte N-Oxygenase gefunden, die an einer Biosynthese beteiligt ist. Da sowohl Substrat als auch Produkt leicht erhältliche chemische Verbindungen sind, bietet sich AurF zudem als Modell zum Studium natürlicher Nitrogruppenbildung durch N-Oxygenasen an.

Um mögliche Strukturelemente und Mechanismen von AurF aufzuzeigen, wird im nächsten Abschnitt ein Überblick über Klassen und Funktionsmechanismen von Oxygenasen gegeben.

---

[6]zu Oxygenasen siehe Abschnitt 1.3

1.3 Oxygenasen

Verbreitung und Bedeutung von Oxygenasen

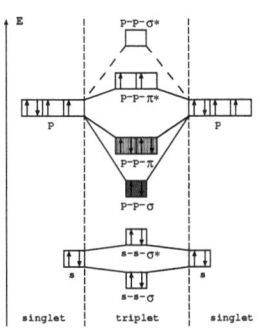

Abbildung 6: Energieniveauschema von molekularem Sauerstoff [49, S. 136]

Oxygenasen sind ubiquitär verbreitete Enzyme mit der Fähigkeit, molekularen Sauerstoff in organische Substrate einzubauen. Diese grundlegende Reaktion findet sich in vielerlei katabolen und anabolen Stoffwechselwegen, sowohl im Primär- als auch im Sekundärmetabolismus.

Der benötigte Sauerstoff stammt dabei zum größten Teil aus der Atmosphäre, wird also durch die Photosynthese der Pflanzen kontinuierlich bereitgestellt [50]. Die Beschreibung einer eisenhaltigen Schwefeloxygenase aus *Acidianus ambivalens*, einem Extremophilen aus virtuell sauerstofffreier Umgebung, unterstützt, dass Oxygenasen nicht nur für aerob lebende Organismen essentiell sind, sondern wohl für alle Lebewesen [51, 52]. Nicht zuletzt spielen Transformationen durch Oxygenasen auch im globalen Kohlenstoffkreislauf und in der Biodegradation eine tragende Rolle [53].

Die Verwendung von Sauerstoff als Reaktand ist dabei im allgemeinen thermodynamisch begünstigt. Verursacht durch die hohe Reaktivität von Singulett-Sauerstoff, liegt atmosphärischer Sauerstoff jedoch vollständig im kinetisch trägen Triplett-Zustand vor. Abbildung 6 (S. 17) illustriert das Energieniveauschema für Triplett-Sauerstoff (innen) verglichen mit Singulett-Sauerstoff (außen).

Die zwei ungepaarten Elektronen im lockernden p-p-π^*-Orbital summieren sich dabei zu einem Gesamtspin von 1. Damit wird eine Reaktion mit organischen Substraten, die normalerweise im Grundzustand mit einem Gesamtspin von 0 vorliegen, zu einem spin-verbotenem Vorgang [50, 54]. Um molekularen Sauerstoff für Reaktionen zu verwenden, muss dieser deshalb mit Hilfe sogenannter Kofaktoren zunächst „aktiviert", d. h. in eine reaktive Form überführt, werden.

1.3.1 Klassifikation von Oxygenasen nach Funktion

Funktionell lassen sich Oxygenasen zunächst in zwei Gruppen einteilen, abhängig davon ob beide Sauerstoffatome, oder nur eines in das Substrat gelangt [55]. Bei Dioxygenasen werden beide Sauerstoffatome in das Substrat R integriert:

$$R + O_2 \rightarrow RO_2 \qquad (5)$$

Werden dabei beide Sauerstoffatome in ein Substratmolekül eingefügt, spricht man von einer „intramolekularen" Dioxygenase, bei der Übertragung in zwei Substratmoleküle von einer „intermolekularen" Dioxygenase.

Bei Monooxygenasen wird nur eines der Sauerstoffatome zum Substrat übertragen, das andere wird zu Wasser reduziert. Man spricht daher auch von „mischfunktionellen Oxidasen". Bei „internen" Monooxygenasen wird der dazu benötigte Wasserstoff vom Substrat abstrahiert:

$$RH_2 + O_2 \rightarrow RO_2 + H_2O \qquad (6)$$

„Externe" Monooxygenasen benötigen dagegen ein externes Kosubstrat XH_2 als Reduktionsmittel:

$$R + O_2 + XH_2 \rightarrow RO_2 + H_2O + X \qquad (7)$$

Solche Kosubstrate werden auch als Koenzyme oder Kofaktoren bezeichnet, leider etwas inkonsequent benutzte Begriffe für enzymunterstützende organische Verbindungen wie NAD(P)H/H$^+$ und FADH$_2$.

1.3.2 Sauerstoffaktivierende Kofaktoren von Oxygenasen

Anhand ihres sauerstoffaktivierenden Kofaktors lassen sich die Oxygenasen klassifizieren in [55, 56]:
1. Oxygenasen mit organischen Kofaktoren wie Flavin oder Pterin.
2. Oxygenasen mit einer Kombination aus organischen und metallischen Kofaktoren, v. a. Häm (P450)-Monooxygenasen.
3. Exklusiv metallabhängige Oxygenasen.

Organische und metallorganische Kofaktoren von Oxygenasen
Flavinoxygenasen setzen zur Sauerstoffaktivierung FMN oder FAD ein, die sich beide vom Riboflavin (Vitamin B$_2$) ableiten [57]. Die Flavine sind dabei mit hoher Affinität oder kovalent an das Apoenzym gebunden [58] und besitzen als redoxaktives Strukturelement eine Isoalloxazineinheit (siehe Abb. 7), die sowohl Einfach- als auch Doppelelektronenübergänge vornehmen kann [59, 60]. Aufgrund dieser Fähigkeit können Flavoproteine nicht nur als eigenständige Dehydrogenasen/ Transhydrogenasen, Oxidasen und Monooxygenasen agieren, sondern unterstützen in Elektronentransfer-Systemen auch die Funktion anderer Klassen von Oxygenasen (s. u.) [60].

Einen speziellen Fall von Monooxygenasen stellen die pterin-abhängigen Aminosäurehydroxylasen dar, die essentiell für den Metabolismus von aromatischen Aminosäuren sind. So ist führt eine Dysfunktion der pterin-abhängigen Phenylalaninhydroxylase zum klinischen Bild der „Phenylketonurie", einer schwerwiegenden Stoffwechselerkrankung. Wie Flavin, ist auch der Kofaktor Pterin fähig zu Einzelelektron-Operationen, allerdings wird zur Funktion zusätzlich Nichthäm-Eisen benötigt [56, 61].

Eine der wichtigsten Gruppen von Monooxygenasen sind die metallorganischen Häm- und P450-Proteine. Ihnen gemeinsam ist als prosthetische Gruppe Häm, ein Porphyrinring, in dem durch vier Stickstoffatome Eisen koordiniert ist. In den meisten Fällen handelt es sich dabei um Protohäm IX (siehe Abb. 7) [62], das über verschiedene Aminosäurereste an das Protein gebunden sein kann [63, Daten und Referenzen].

Die prominenten P450-Monooxygenasen wiederum gehören zur Klasse der „Häm-Thiolat-Proteine", bei denen der fünfte Häm-Eisen-Ligand ein Cysteinthiolat des Proteins ist. Obwohl sich diese Enzyme strukturell sehr ähnlich sind, sind sie funktionell höchst divers [64]. Derzeit sind über 6000 P450-Enzyme benannt und in 711 Familien organisiert [65, Stand Mai-Juli 2006].

P450-Monooxygenasen benötigen zur Funktion grundsätzlich ein Elektronentransfer-System, welches entweder durch Flavinproteine oder aus einer Kombination von Flavin- und Eisen-Schwefel-Proteinen realisiert wird. Diese natürlichen Elektronentranfersysteme können in bestimmten Fällen aber auch durch Chemikalien wie Alkylperoxide, Per-

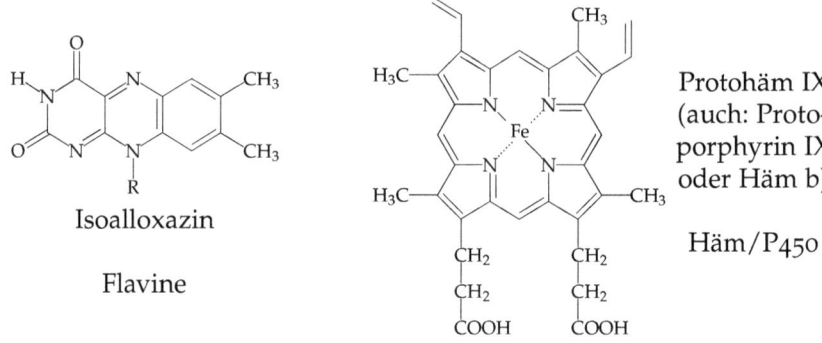

Abbildung 7: Typische organische Kofaktoren von Oxygenasen

säuren, Natriumchlorit, Natriumperjodat, Jodosylbenzen, oder sogar Wasserstoffperoxid substituiert werden. Diese Abkürzung wird dann als „Peroxide-Shunt" bezeichnet [62, 66]. Ein der Funktion von P450-Oxygenasen sehr ähnliches System mit der Möglichkeit eines Peroxide-Shunt, die Methan-Monooxygenase mit einem binuklearen Eisenzentrum, wird weiter unten noch genauer behandelt (siehe Abschnitt 1.3.3, S. 22). Bei katalytischen Zyklen mit einem Peroxide-Shunt eröffnet sich eine praktikable Möglichkeit, Oxygenasen *in-vitro* und ohne genaue Kenntnis des beteiligten Elektronentransfer-Systems zu funktionalisieren.

Oxygenasen mit exklusiv metallischen Kofaktoren

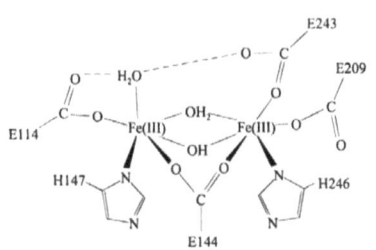

Abbildung 8: Binukleares Eisenzentrum der $MMOH_{ox}$ aus M. trichosporium [67] und M. capsulatus [68]

Für metallabhängige Oxygenasen zeigt eine Analyse der hinterlegten Oxygenasenstrukturen in der RCSB PDB Protein Data Bank [69], dass hauptsächlich Eisen oder Kupfer als Übergangsmetalle Anwendung finden (siehe auch [70–73]). Abbildung 8 zeigt die Koordinierung von zwei Eisenkernen in der Hydroxylaseeinheit von oxidierter Methan-Monooxygenase (MMO).

Erstaunlicherweise ist bisher jedoch noch keine Struktur einer manganabhängigen Monooxygenase verfügbar, obwohl sich Eisen und Mangan chemisch sehr ähneln und für die eng verwandten Superoxiddismutasen (SOD) bereits gezeigt wurde, dass sowohl Eisen als auch Mangan zu katalytischer Aktivität führen können[7] [74]. Auch für Dioxygenasen gibt es bereits ein solches Beispiel: Zwei Homoprotocate-

---

[7]man spricht daher auch von einer „cambialistischen" SOD

chuat 2,3-Dioxygenasen aus unterschiedlichen Organismen, die zwar 83 % Sequenzhomologie aufweisen, aber in einem Fall Eisen und im anderen Mangan zur Sauerstoffaktivierung nutzen. Die Aminosäuremotive im aktiven Zentrum sind hierbei stark konserviert und geben keinen Anhaltspunkt für diese Metallselektivität [75].

Dazu kommt, dass Mangan das Element mit den meisten möglichen Valenzzuständen ist, nämlich elf, und sich somit besonders für Elektronentransport eignet [76].

Die Analyse von metallkoordinierenden Aminosäureresten in verschiedenen Proteinen zeigt eine auffällige Übereinstimmung für Eisen und Mangan, im Unterschied z. B. zu Kupfer (siehe Tab. 1).

	D,N	E,Q	S,T	H	C	M	Y	Pep. O	Summe
Fe	12	30	-	60	18	3	5	7	135
Mn	51	30	3	22	1	-	-	6	113
Cu	2	3	3	77	26	10	1	4	126

Tabelle 1: Fe, Mn und Cu koordinierende Aminosäurereste in Proteinen [77, gekürzt]
  „Pep. O" steht für Sauerstoffatome aus dem Proteinrückgrat

Vor kurzem wurden auch Oxygenasen beschrieben, die anscheinend überhaupt keine Kofaktoren oder Metalle für die Sauerstoffaktivierung benötigen. Bei diesen Enzymen ist offensichtlich das Substrat selbst an der Sauerstoffaktivierung beteiligt. Für die Aufklärung der genauen Mechanismen besteht jedoch noch Forschungsbedarf [54, 78].

1.3.3 Funktion der Methan-Monooxygenase (MMO)

Da die Darstellung aller bekannten und möglichen Oxygenasemechanismen den Rahmen dieser Arbeit sprengen würde, soll ein für die Resultate der Dissertation relevantes Beispiel erläutert werden, nämlich die bereits intensiv untersuchte Methan-Monooxygenase (MMO). [79, Review].

Die katalysierte Reaktion der MMO lautet allgemein:

$$CH_4 + O_2 + NADH/H^+ \rightarrow CH_3OH + NAD^+ + H_2O \qquad (8)$$

Komponenten der MMO

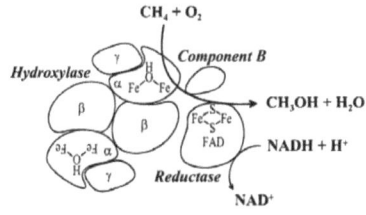

Abbildung 9: Quartätstruktur der MMO (Funktioneller Komplex) [79]

Insgesamt besteht die MMO aus drei Komponenten (siehe Abb. 9): **Komponente A** ist ein Dimer aus jeweils drei Untereinheiten (α, β, γ) mit einem Gesamtmolekulargewicht von 245 kDa. Diese Komponente enthält zweimal ein binukleares Eisenzentrum (siehe Abb. 8, S. 21) und ist die eigentliche Hydroxylase, weshalb man sie auch als MMOH bezeichnet.

Komponente B ist ein 15 kDa Regulaturprotein (MMOB). Beim Fehlen dieser Komponente arbeitet die MMO lediglich als Oxidase.

Komponente C ist eine 40 kDa Reduktase (MMOR) mit sowohl FAD als auch einem Fe_2S_2-Cluster als Kofaktoren.

Katalytischer Zyklus

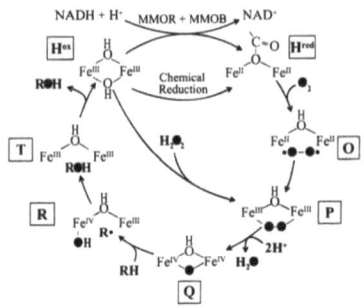

Abbildung 10: Katalytischer Zyklus der MMO [79]

Wie aus Abbildung 10 mit dem vorgeschlagenen MMO-Zyklus ersichtlich ist, wird das aktive Zentrum der MMOH durch Einzelelektronenübergänge von $\boxed{H^{ox}}$ zu $\boxed{H^{red}}$ reduziert. Die dafür benötigten Elektronen stammen von NADH/H$^+$, die als zunächst als Elektronenpaar an die MMOR übertragen werden. Diese funktioniert als Elektronenpuffer und kann die Elektronen einzeln an die MMOH weitergeben (siehe Abb. 11, S. 24). Reduzierte MMOH kann dann molekularen Sauerstoff aufnehmen ($\boxed{O}$) und unter Verbrauch von 2 H$^+$ und Abgabe von Wasser spalten ($\boxed{P}$ → $\boxed{Q}$).

Das verbleibende Sauerstoffatom kann dann über einen radikalischen Mechanismus in das Substrat RH integriert werden ($\boxed{R,T}$). Nach Entlassung des Substrates liegt die MMOH dann wieder im oxidierten Zustand vor.

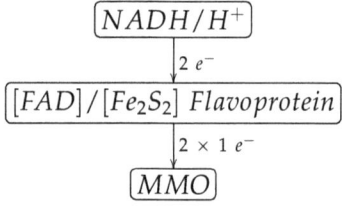

Abbildung 11: Elektronentransfer-System der MMO

Anstatt der natürlichen Regenerierung des Enzyms über NADH/H$^+$/ MMOR/O$_2$, kann die MMOH aber auch direkt mittels Wasserstoffperoxid von $\boxed{H^{ox}}$ nach $\boxed{P}$ mit Sauerstoff beladen werden (siehe Abb. 10, S. 24). Dieser Peroxide-Shunt - sowie auch der katalytische Mechanismus - ist dabei prinzipiell vergleichbar mit dem der P450-Monooxygenasen (siehe oben, [79]).

1.3.4 Selbstschutz von Oxygenasen

Es stellt sich natürlich die Frage, wie sich Oxygenasen selbst vor oxidativer Schädigung durch reaktive Sauerstoffspezies schützen. Dafür bildeten sich unterschiedliche Strategien aus. Meist ist die Sauerstoffaktivierung der geschwindigkeitsbestimmende Schritt im katalytischen Zyklus, so dass die Präsenz schädlicher Sauerstoffintermediate minimiert wird [50]. Umgekehrt können reaktive Nebenprodukte oft in den Zyklus eingeschleust und damit wiederverwendet werden, wie dies beim Peroxide-Shunt von P450 und einigen Eisen-Oxygenasen der Fall ist (siehe Abb. 10, S. 24). Schließlich gibt es aber auch Beispiele wie die Säugetier-Lipoxygenase, die während ihrer katalytischen Aktivität deaktiviert wird, also suizidalen Charakter aufweist [80].

1.4 Technische Anwendung von Oxygenasen

Neben den klassischen chemischen Verfahren haben sich inzwischen auch biokatalyische Prozesse in der Herstellung von Feinchemikalien und Pharmaka etabliert. Laut STRAATHOF ET AL. sind derzeit 134 Biotransformationen im industriellen Einsatz, wobei Redox-Reaktionen mit 30 % die zweitstärkste Gruppe stellen. Zumeist werden dabei freie „oxidierende Zellen" verwandt, um die notwendige Kofaktorregenerierung durch den Zellmetabolismus abzudecken und den Sauerstofftransport nicht durch Immoblisierungsmatrices zu limitieren [81].

Vorteilhaft gegenüber chemischen Oxidationen sind, je nach Reaktion, hohe Chemo-, Stereo- und Regioselektivität, sowie die Verwendbarkeit von molekularem Sauerstoff aus der Umgebungsluft als Oxidationsmittel. Dazu kommt die Einsparung stark umweltschädlicher Einsatzstoffe und Nebenprodukte [82].

Oft sollen in einem mehrstufigen Herstellungsprozess nur bestimmte Reaktionen enzymatisch durchgeführt werden, weshalb die Integration von biokatalytischen Prozessen in bestehende Strukturen eine besondere Rolle spielt. Eine besonders gelungene Verfahrensumstellung stellt dabei z. B. die chemisch/biokatalytische Herstellung von Cefalexin dar, die von zehn auf sechs Schritte verkürzt wurde und damit auch den anfallenden Abfall um den Faktor sechs reduzierte [83].

Grundsätzlich ist es auch für biokatalytische Anwendungen erstrebenswert, schon im Labormaßstab kontinuierliche Prozesse zu entwickeln, da diese sich im Vergleich zu Einzelreaktionen durch leichtere Automatisierbarkeit, bessere Reproduzierbarkeit und höhere Zuverlässigkeit auszeichnen. Zudem ist die einfachere Skalierbarkeit vorteilhaft, die eine Maßstabsvergrößerung beschleunigt. Idealerweise wird bei einem kontinuierlichen Verfahren der Katalysator immobilisiert und von der Reaktionslösung durchströmt. Dadurch ist der Katalysator unmittelbar wiederverwendbar und muss zudem nicht aus der Reaktionsmischung entfernt werden, was die Produktgewinnung erleichtert [84].

Ein weiterer Punkt bezüglich Prozessintegration ist die bereits angesprochende Kofaktorregenerierung. In zellfreien enzymatischen Redox-Reaktionen wird neben Sauerstoff meist NAD(P)H zu NAD(P) verbraucht. Die Zugabe von NAD(P)H in äquimolaren Mengen wäre jedoch bei weitem zu teuer für Transformationen im Produktionsmaßstab. Daher wurden verschiedene Ansätze zur Kofaktorregenerierung entwickelt.

Eine Möglichkeit ist die elektrochemische Regenerierung von Enzym oder Kofaktor [85]. Nachteilig sind dabei aber deutlich reduzierte Enzymaktivitäten, bzw. unerwünschte Nebenreaktionen an den Elektroden, was eine breitere Anwendung bisher verhinderte. Da diese Probleme in der Zwischenzeit gelöst oder in Arbeit sind, kann eine breitere Anwendung in der Zukunft erwartet werden [86].

Eine elegante und derzeit oft praktizierte Lösung zur Kofaktorregenerierung ist die Kopplung mit einer zweiten enzymatischen Reaktion. Gebräuchlich ist beispielsweise Format-Dehydrogenase (FDH), die $NAD(P)^+$ zu $NAD(P)H$ umsetzt [87, 88]:

$$NAD(P) + HCOO^- \xrightarrow{FDH} NAD(P)H + CO_2 \qquad (9)$$

Vorteilhaft bei der Verwendung von FDH ist der niedrige Preis des Donors und die Flüchtigkeit von CO_2 [83].

Schließlich gibt es noch die Möglichkeit, den Peroxide-Shunt zu nutzen, der für P450 [62, 66] und binukleare Eisenmonooxygenasen [79] beschrieben wurde (siehe oben). Die dafür benötigten starken Oxidationsmittel wie Wasserstoffperoxid und Perjodat sind um Größenordnungen preiswerter als die natürlichen Kofaktoren oder andere Methoden zur Regenerierung, allerdings wird auch eine schnellere Inaktivierung der Enzyme diskutiert [86].

1.5 Aufgabenstellung

AurF ist eine von nur zwei bekannten nitrobildenden N-Oxygenasen. Da Substrat und Produkt der katalysierten Reaktion einfache und kommerziell erhältliche Verbindungen sind, bietet sich AurF besonders für modellhafte Untersuchungen zum Mechanismus von N-Oxygenierungen und der Biosynthese von Nitroverbindungen an.

Mit bioinformatischen Werkzeugen (siehe Abschnitt 2.6, S. 68) kann in öffentlich zugänglichen Datenbanken keine Homologie von AurF zu bereits bekannten Enzymen gefunden werden. Es handelt sich bei AurF offensichtlich um den Vertreter einer neuen Enzymsubklasse. Somit kann auch nicht vorausgesagt werden, ob AurF Mono- oder Dioxygenase-Aktivität aufweist und über welchen Mechanismus molekularer Sauerstoff in das Substrat integriert wird.

Daher sind analytische Methoden zu entwickeln und Versuche durchzuführen, die die Klassifizierung der Oxygenase und die Aufklärung des Mechanismus erlauben.

Unspezifische N-Oxygenierungen von Biomolekülen durch AurF könnten zu Zellschädigungen führen. Systematische Substratspezifitäts-Untersuchungen sollen darum Aufschluss geben, mit welcher Selektivität Oxygenierungen stattfinden, sowie welche Strukturmotive des Substrates für eine erfolgreiche Substrat-Erkennung und -Umsetzung erforderlich sind. Aus diesen Informationen ließe sich auch ein Substratbindungsmodell ableiten.

Darüber hinaus ist nicht bekannt, welche Kofaktoren für die Aktivität von AurF essentiell sind. Deshalb sollen unterschiedliche proteinanalytische Methoden und spektroskopische Untersuchungen eingesetzt werden, um mögliche organische oder metallische Kofaktoren zu identifizieren.

Grundvoraussetzung dafür ist die durchzuführende Entwicklung und Etablierung eines Herstellungsverfahrens, mit dem ausreichende Mengen an AurF für analytische Zwecke bereitgestellt werden können. Falls es möglich ist, größere Mengen (> 100 mg) an hochreinem Protein zu produzieren, sollen diese für Kristallisationsversuche und Röntgenstrukturaufklärung verwandt werden.

Zusätzlich lassen sich auch kommerzielle technische Anwendungen von AurF vorstellen [89, Patent]. Um potentielle Einsatzmöglichkeiten von AurF in der Biokatalyse zu eruieren, sind daher kinetische Parameter und anwendbare Reaktionsbedingungen zu untersuchen. Besonders wichtig ist in diesem Zusammenhang die Suche nach einer einfachen und ökonomischen Methode zur *in vitro*-Aktivierung und Kofaktor-Regenierierung von AurF.

2 Material und Methoden

2.1 Kultivierungsmedien

2.1.1 Komplexmedien und Agarplatten

	LB	Soja 2G	M10	Bö6
für	E. coli	S. lividans	S. lividans	S. lividans
Vorkultur	√	√	-	-
Hauptkultur	√	-	√	√
Agarplatten	√	-	√	-
	[g/l]	[g/l]	[g/l]	[g/l]
Trypton	10	-	-	-
Hefeextrakt	5	-	4	3
Malzextrakt	-	-	10	-
Sojamehl	-	15	-	-
Hafermehl	-	-	-	20
Glucose D+	-	15	4	20
NaCl	10	5	-	3
$CaCO_3$	-	1	-	3
KH_2PO_4	-	0,3	-	-
$FeSO_4 \cdot 7\,H_2O$	-	-	-	0,54
$MnCl_2 \cdot 4\,H_2O$	-	-	-	0,6
pH vor Autoklavieren	-	6,9 !	-	-
pH nach Autoklavieren	7,0	6,3-6,5	7,3	6,0
Autoklavieren	121 °C / 30 min	121 °C / 35 min	121 °C / 35 min	121 °C / 35 min
für Agarplatten				
	[g/l]		[g/l]	
Agar	20		20	

Tabelle 2: Ansätze für Komplexmedien und Agarplatten: != einzustellen

2.1.2 Minimalsalzmedium für die Hochzelldichte-Kultivierung (HCDC) von *E. coli*

Für die HCDC wurde ein Medium nach [90] eingesetzt.

	Stammlösung [g/l]	Vorkultur	Hauptkultur [pro l]
Vorlage H_2O	-	750 ml	600 ml
$Na_2HPO_4 \cdot 2\,H_2O$	-	8,6 g	-
$(NH_4)_2HPO_4$	-	-	1,4 g
Zitronensäure	-	-	2,1 g
KH_2PO_4	-	3,0 g	5,7 g
NaCl	-	0,5 g	-
NH_4Cl	-	1,0 g	-
Fe(III)citrat	6	10 ml	10 ml
H_3BO_3	30	100 µl	100 µl
$MnCl_2 \cdot 4\,H_2O$	150	100 µl	100 µl
$EDTA \cdot 2\,H_2O$	84	100 µl	100 µl
$CuCl_2 \cdot 2\,H_2O$	15	100 µl	100 µl
$Na_2MoO_4 \cdot 2\,H_2O$	25	100 µl	100 µl
$CoCl_2 \cdot 6\,H_2O$	25	100 µl	100 µl
$Zn(CH_3COO)_2 \cdot 2\,H_2O$	4	2 ml	2 ml
Auffüllen mit H_2O auf	-	800 ml	-
Autoklavieren 30 min bei 121 °C		à 80 ml	-
Glucose (EK)	50 %	2 ml (10,0 g/l)	7 ml (35,0 g/l)
$MgSO_4 \cdot 7\,H_2O$ (EK)	24 %	0,25 ml (0,6 g/l)	0,625 ml (1,5 g/l)
pH mit NH_3	25 % (v/v)	-	pH=6,75
Auffüllen mit H_2O auf	-	100 ml	1,0 l

Tabelle 3: Minimalsalzmedium für HCDC

Anmerkungen:
- Die Reihenfolge der Medienbestandteile ist einzuhalten.

- Fe(III)citrat löst sich nur sehr langsam (bis zu 12 h) und unter Erhitzen.
- Einstellung des pH (6,8-7,0) des Vorkulturmediums ist nicht notwendig.
- Ein leichter Niederschlag des fertigen Mediums ist normal.

2.1.3 Antibiotika

	Stammlösung		Endkonzentration [µg/ml]	
	Solvent	[mg/ml]	Agarplatte	Flüssigmedium
Ampicillin (amp)	H_2O	100	100	100
Chloramphenicol (cam)	Ethanol	50	34	50
Thiostrepton (tsr) ⋆	DMSO	25	25	25

Tabelle 4: Verwendete Antibiotika: ⋆=lichtempfindlich

Medien und Agarplatten mit Antibiotika wurden bei +4 °C und lichtgeschützt gelagert.

2.1.4 Herstellung von Agarplatten

1. Einwaage der Medienbestandteile inkl. Agar (siehe Abschnitt 2.1.1, S. 30).
2. Autoklavieren der Lösung (siehe Abschnitt 2.1.1, oder 121 °C, 30 min).
3. Für Selektion: Temperieren auf 55 °C und anschließende Zugabe des Antibiotikums.
4. Durchmischen und Gießen der Lösung in Petrischalen (20-25 ml pro ⌀ 90 mm Petrischale).
5. Schalen offen unter der Sterilwerkbank lassen, bis das Medium fest ist.

6. Lagerung bei +4 °C für Antibiotika-Platten, sonst bei Raumtemperatur.

2.2 Gentechnische und mikrobiologische Methoden

2.2.1 Bestimmung der DNA-Konzentration

DNA-Proben wurden 1:100 mit H_2O in einer Küvette verdünnt. Anschließend wurde mit einem Eppendorf BioPhotometer nach Herstellervorgaben die DNA-Konzentration bestimmt.

2.2.2 Messung der OD_{600} und Feuchtbiomasse-Konzentration

Kulturlösungen wurden mit H_2O auf eine OD_{600} von 0,1 bis 1 verdünnt und in einem Eppendorf BioPhotometer vermessen. Für die Berechnung der Feuchtbiomasse-Konzentration wurde das Pellet aus der Zentrifugation von Kulturlösungen ausgewogen und mit dem Volumen ins Verhältnis gesetzt. Für den Expressionsstamm *E. coli* BL21(DE3) wurde dabei ein Verhältnis der OD_{600} zur Feuchtbiomasse-Konzentration von 1:1,34 ermittelt.

2.2.3 PCR-Methoden und Primer

High-Fidelity PCR für *Streptomyceten*-DNA
Für die fehlerfreie PCR von *Streptomyceten*-DNA zur weiteren Klonierung wurde das TripleMaster® System von Eppendorf [91] eingesetzt. Dieses besteht aus einem Polymerase-Mix und einem „High Fidelity" Puffer. Neben der erforderlichen Proofreading-Eigenschaften ermöglicht das System nachfolgende T/A-Klonierung.

Der Ansatz wurde nach Angaben von JING HE (persönliche Mitteilung) durchgeführt, das Programm entspricht der Anleitung der Firma

Eppendorf [91].

Mix 1:
H$_2$O	27 µl
10×PCR-Puffer	2,2 µl
Primer, 100 pM	je 0,88 µl
DMSO	2,76 µl

Mix 2:
H$_2$O	28,28 µl
10×PCR-Puffer	3,3 µl
dNTP-Mix (AFF) 10 mM	1,1 µl
Polymerase Mix	0,32 µl

Ansatz:
15 µl Mix 1
+ 1 µl pHJ48 (Template) [92]
+ 4 µl H$_2$O
5 min bei 95 °C
+ 30 µl Mix 2

Programm:
20 s bei 98 °C
20 s bei 98 °C ⎫
10 s bei 55 °C ⎬ 40×
90 s bei 72 °C ⎭
Kühlung bei 4 °C

Kolonie-PCR für *S. lividans*- Transformanten
Angepasst nach VAN DESSEL ET AL. [93].

Probenvorbereitung: Kolonie-Mycel von der Platte in 10 µl DMSO picken.

50 µl Ansatz:
Primer, 100 pM	je 2 µl
PCR-Puffer (Qbiogene)	5 µl
MgCl, 25 mM	7 µl
dNTP-Mix (AFF) 10 mM	2 µl
H$_2$O	27 µl
Probe	5 µl

Programm:
5 min bei 95 °C
Auf Eis; Zugabe von 0,5 µl Taq-Polymerase (Qbiogene [94], 5 U/ µl)
20 s bei 98 °C
20 s bei 98 °C ⎫
10 s bei 50 °C ⎬ 35×
90 s bei 72 °C ⎭

Primer

Primer	für	Sequenz (5' → 3')
aurF-express_RW_cor	aurF, vw	C<u>GG GAG AGA</u> CG**A TG**C GAG AAG
aurF-express_RW2	aurF, rw	GCG TCG GGG **TCA** ACG CGG
pRSETB-His-fw	6×His, vw	**ATG** CGG GGT TCT CAT CAT CAT

*Tabelle 5: Primer: vw: vorwärts, rw: rückwärts, **Fett**: Start/ Stop- Codons, <u>Unterstrichen</u>: putatives Shine-Dalgarno Motiv (Ribosomen-Bindestelle)*

2.2.4 Plasmid-Gewinnung: Miniprep

Lösungen

LB/amp	Kultivierungsmedien: siehe Abschnitt 2.1, S. 30
GET-Puffer	2,5 ml 1 M Tris pH 8,0, 2 ml 0,5 M EDTA, 0,9 g Glucose; auf 100 ml auffüllen
NaOH/SDS	10 ml 10 %SDS, 2 ml 10 M NaOH; Zugabe von 88 ml H_2O
3 M NaAc	3 M Natriumacetatlösung mit Eisessig auf pH 5,2 einstellen
RNAse A	20 mg/ml, hitzebehandelt
Chloroform	
Isopropanol	
70 %Ethanol	eiskalt

Tabelle 6: Lösungen für Plasmid-Miniprep

1. 3 ml LB/amp beimpfen (z. B. mit gepickter Kolonie) und über Nacht bei 37 °C und 200 UpM schütteln.
2. 1,5 ml in Reaktionsgefäß überführen.
3. 1 min bei 12.500 g zentrifugieren; Überstand verwerfen.
4. 100 µl GET-Puffer zugeben und vortexen.
5. 200 µl NaOH/SDS zugeben und vortexen.
6. 5 min bei Raumtemperatur stehen lassen.
7. 150 µl 3 M NaAc zugeben und vortexen.

8. Für 5 min bei -20 °C in den Gefrierschrank.
9. 10 min bei 12.500 g zentrifugieren.
10. Überstand (etwa 450 µl) in ein neues Reaktionsgefäß überführen.
11. 1 µl RNAse A zugeben und 15 min bei 37 °C inkubieren.
12. 500 µl Chloroform zugeben und vortexen.
13. 3 min bei 12.500 g zentrifugieren.
14. Überstand in neues Reaktionsgefäß überführen.
15. 500 µl Isopropanol zugeben und vortexen.
16. 5 min bei 12.500 g zentrifugieren; Überstand verwerfen.
17. Pellet mit 500 µl 70 % Ethanol waschen.
18. 2 min bei 12.500 g zentrifugieren; Überstand verwerfen.
19. Trocknen in Vakuumzentrifuge.
20. Aufnahme in 40 µl Wasser.

2.2.5 Agarose-Gelelektrophorese

Lösungen

50× TAE Puffer [95]	242 g Tris Base, 57,1 ml Eisessig, 100 ml EDTA-Lösung (0,5 M, pH 8,0), mit Wasser auf 1 l auffüllen; zur Verwendung wurde der Puffer 1:50 mit Wasser verdünnt.
6× Gel-Ladepuffer [96]	40 g Saccharose, 0,25 g Bromphenolblau, mit Wasser auf 100 ml ergänzen.

Tabelle 7: Lösungen für die Agarose-Gelelektrophorese

Vorbereitung des Gels

Je 1 g Agarose wurden mit 100 ml 1× TAE Puffer gemischt und mehrmals in einer Mikrowelle erhitzt, bis bei Sichtkontrolle und Schütteln keine Schlieren mehr feststellbar waren. Zur späteren Detektion wurden pro 100 ml Gel 5 µl 1 %ige Ethidiumbromid zugegeben und nochmals geschüttelt. Danach wurde das Gel in einen vorbereiteten Rahmen mit entsprechenden Kämmen gegossen.

Proben- und Standardvorbereitung
Je 10 µl Probe wurde mit 2 µl 6× Gel-Ladepuffer vermischt, 1 µl Standard wurde mit 9 µl Wasser verdünnt und mit 2 µl 6× Gel-Ladepuffer vermischt. Von der Probe wurden 10 µl auf das Gel aufgetragen, von den Standards 5 µl.

Elektrophorese und Auswertung
Die Gele liefen üblicherweise bei 120 V; die Auswertung erfolgte mit einem SynGene Gene Genius Bio Imaging System mit GeneSnap 4.01.00 Software.

Präparative Gelelektrophorese
Für präparative Gelelektrophoresen zur Gewinnung von Restiktionsfragmenten wurde die Beladungsmenge deutlich erhöht. Um eine Schädigung der DNA durch UV-Strahlung zu vermeiden, wurde eine Vergleichsspur auf das Gel aufgetragen, nach der Elektrophorese vom Gel abgeschnitten, unter UV betrachtet, mit einem Skalpell markiert und dann als Schablone für die präparative Spur verwandt. In einigen Fällen wurde auch auf die Zugabe von Ethidiumbromid verzichtet und die Vergleichsbande durch Nachfärben in einem Ethidiumbromidbad visualisierbar gemacht.

2.2.6 Restriktion von DNA

Ansätze

	1 Enzym [µl]	2 Enzyme [µl]
Plasmid DNA	3	3
Puffer	1	1

Enzym	0,25	2× 0,25
H$_2$O	5,65	5,4
BSA ⋆	0,1	0,1

Tabelle 8: Ansätze für DNA-Restriktionen.⋆=je nach Enzym

Verdau und Inaktivierung

Für optimale Aktivität wurde anhand der Dokumentation für die jeweiligen Restriktionsenzyme der jeweils beste Reaktionspuffer ausgewählt.

Bei zwei Restriktionsenzymen und einer Inkubationszeit von 3-4 h bei 37 °C wurden meistens gute Resultate erzielt, bei nur einem Enzym reichte normalerweise 1 h.

Enzyminaktivierung wurde durch 15 min erhitzen auf 60-65 °C erreicht.

2.2.7 Aufreinigung und Gelextraktion von DNA

Zur Aufreinigung und Extraktion von DNA aus Gelen wurde der „GFX^{TM}-PCR DNA and Gel Band Purification Kit" von GE Healthcare (ehemals Amersham Biosciences), Artikelnr. 27-9602-01, eingesetzt [97]. Das Standardprotokoll wurde leicht abgewandelt, um die Ausbeute zu erhöhen.

1. Gelbande mit gleicher Menge an *Capture Buffer* versetzen und 15 min bei 60 °C lösen; bei gelöster Probe 500 μl *Capture Buffer* zugeben.
2. 5 min auf der Säule inkubieren, dann 1 min bei 12.500 g zentrifugieren.
3. 500 μl *Wash Buffer* zugeben, dann 1 min bei 12.500 g zentrifugieren.
4. 40 μl H$_2$O zugeben und nach 5 min Inkubation 2 min bei 12.500 g zentrifugieren.

2.2.8 Ligation und T/A Klonierung

Ansatz

	[µl]
Insert DNA	bis zu 17,5
Vektor DNA	0,5-1
T4 Ligase	2
H$_2$O	auf 20

Tabelle 9: Ansatz für eine Ligation

Anmerkungen

- Für die T/A-Klonierung von PCR-Produkten wurde der pGEM®-T easy-Kit eingesetzt [98].
- Ligationen wurden bei 16 °C über Nacht inkubiert.
- Das Verhältnis Insert:Vektor wurde im Bedarfsfall optimiert.

2.2.9 Sequenzierungen und Mutagenesen

Sequenzierungen wurden HKI-intern von INA LÖSCHMANN durchgeführt, Mutagenesen an pMR1 von Entelechon GmbH, Regensburg.

2.2.10 Herstellung elektrokompetenter *E. coli*-Zellen

1. *E. coli*-Zellen auf LB-Agar ausstreichen und über Nacht bei 37 °C inkubieren.
2. Einzelkolonie picken und in 3 ml LB-Medium (Reagenzglas) überführen; Inkubation über Nacht bei 37 °C, 200 UpM.

3. Mit 0,1 ml einen bewehrten 300 ml-Erlenmeyer-Kolben mit 100 ml LB-Medium beimpfen. Inkubation bei 37 °C, 200 UpM, bis eine OD_{600} von ca. 1 erreicht ist.
4. Ab jetzt auf Eis/bei 4 °C arbeiten (auch Lösungen!).
5. Zentrifugation: 2× 40 ml; 10 min bei 4629 rcf.
6. Resuspension des Pellets in 2× 20 ml 10 % (v/v) Glycerol.
7. Zentrifugation/Resuspension mit (2×) 10 ml und 5 ml Resuspensionsvolumen wiederholen.
8. Letzte Zentrifugation und Resuspension des Pellets in insgesamt 600 µl 10 % (v/v) Glycerol.
9. In 60 µl Aliquoten bei -80 °C einfrieren.

2.2.11 Transformationen (*E. coli* und *S. lividans*)

Transformation elektrokompetenter *E. coli*- Zellen
1. Zwei LB-Agarplatten mit Antibiotikum bereitstellen.
2. Für Blau/Weiß-Selektion 10 µl IPTG (100 mg/ml) und 40 µl X-Gal ausstreichen.
3. 1 µl DNA (Ligationsansatz/Plasmid) zu 60 µl elektrokompetenten Zellen in eine 0,2 cm Elektroproationsküvette pipettieren.
4. Elektroporation mit „E. coli 2,5 kV"-Methode (Bio-Rad Gene Pulser Xcell).
5. 1 ml LB-Medium ohne Antibiotikum zugeben, in neues 1,5 ml Reaktionsgefäß überführen und 10 min bei 37 °C schütteln (800 UpM).
6. 50 µl der Transformation und den Rest auf je eine Platte ausstreichen.
7. Inkubation über Nacht bei 37 °C.

Transformation chemisch kompetenter *E. coli*- Zellen
1. Chemisch kompetente Zellen auf Eis.
2. Zugabe von 5-10 µl DNA und weitere 5 min auf Eis.

3. Hitzeschock: 90 s bei 42 °C.
4. Abkühlen: 5 min auf Eis.
5. Zugabe von 900 µl LB Medium (ohne Antibiotikum)
6. Mind. 30 min bei 37 °C, 800 UpM schütteln.
7. 1 min bei 12.500 g zentrifugieren.
8. Pellet mit ca. 100 µl Überstand resuspendieren und auf Agarplatte mit Antibiotikum ausstreichen.
9. Inkubation über Nacht bei 37 °C.

S. lividans-Protoplastentransformation

Angepasste Methode nach [95].
1. 200 µl Protoplasten *S. lividans*[8] auftauen.
2. Zugabe von 5 µl Plasmid-DNA an den Rand des Reaktionsgefäßes.
3. Einspülen mit 200 µl Transformations-Puffer[8] [99]
4. Vorsichtiges Mischen mit einer Pipette.
5. Ausstreichen auf eine R2YE-Platte[8] ohne Antibiotikum.
6. Trocknen lassen und Inkubation über Nacht bei 28-30 °C.
7. Überschichten der Platten mit tsr-Lösung (100-200 µg tsr in 1-1,5 ml H_2O) und Verteilen der Lösung durch Schwenken.
8. Etwa 45 min Trocknen lassen und Inkubation bei 28-30 °C.
9. Positive Kolonien erneut auf M10/tsr selektieren zum Ausschluss falsch positiver Kolonien; ggf. Kolonie-PCR (siehe Abschnitt 2.2.3, S. 34).

2.2.12 Blau/Weiß-Selektion

Für Blau/Weiß-Selektion werden die Agarplatten vor Ausstreichen der Zellen mit 50 µl X-Gal (20 mg/ml) und 25 µl IPTG (100 mg/ml) präpa-

---

[8]dankenswerterweise von Jing He oder Nelly Traitcheva zur Verfügung gestellt

riert. Kolonien transformierter Zellen mit Insert sollten auf der Agarplatte weiß erscheinen, insertfreie Kolonien blau.

2.2.13 Glycerolkonserven und Arbeitszellbanken

Durch Arbeitszellbanken („Working Cell Banks") werden reproduzierbare Startbedingungen bei wiederholten Kultivierungen eines Stammes sichergestellt.

500 µl einer exponentiell wachsenden *E. coli* oder *S. lividans* Kultur werden mit der gleichen Menge an 40 %iger (v/v) Glycerollösung gemischt und schnellstmöglich bei -80 °C eingefroren.

2.2.14 Übergang von Voll- auf Minimalmedium für den Stamm BL21(DE3)/pMR1

Die Gewöhnung des Stammes wurde nach einer am HKI gebräuchlichen Methode durchgeführt:
Eine LB/amp Platte mit dem Stamm wurde mit ca. 5 ml Minimalmedium geschwemmt. Mit 0,5 ml dieser Lösung wurden 100 ml Minimalmedium mit Antibiotikum im Erlenmeyerkolben beimpft und bei 26 °C und 180 UpM inkubiert, bis exponentielles Wachstum festgestellt wurde (< 40 h). Bei einer OD_{600} von 1,75 wurden Glycerolkonserven angelegt.

Mit dem Rest der Kultur wurde eine Hauptkultur beimpft und die Expression in Minimalmedium nach Induktion mit 1 mM IPTG geprüft.

2.2.15 Stämme

Stamm	Eigenschaften	Verwendung	Referenz
	Escherichia coli		
DH5α	SupE44 ΔlacU169 (φ80 lacZΔM15) hsdR17 recA1 endA1 gyrA96 thi-1 relA1	Klonierung	[100]
XL1-blue	recA1 endA1 gyrA96 thi-1 hsdR17 supE44 relA1 lac [F' proAB lacI^{q}ZΔM15 Tn10 (Tet^R)]	Klonierung	[101]
BL21 (DE3)	F$^-$ ompT hsdS(r_B^- m_B^-) dcm$^+$ gal λ(DE3)	Expression	[102]
CodonPlus-RP (DE3)	F$^-$ ompT hsdS(r_B^- m_B^-) dcm$^+$ Tet^R gal λ(DE3) endA Hte [argU proL Cam^R]	Expression; zusätzliche tRNAs für AGA, AGG, CCC	[103]
Rosetta 2 (DE3)	F$^-$ ompT hsdS(r_B^- m_B^-) dcm$^+$ gal (DE3) [pRARE^2 Cam^R]	Expression; zusätzliche tRNAs für AUA, AGG, AGA, CUA, CCC, GGA und CGG	[104]
B834 (DE3)	F$^-$ ompT hsdS(r_B^- m_B^-) dcm$^+$ gal (DE3) met	Expression; Methioninauxotroph	[104]
	Streptomyces lividans		
ZX1	rec-46 pro-2 str-6 HAU3^S	Expression	[105]

Tabelle 10: Stämme

2.2.16 Vektoren und Plasmide

Vektoren

Vektor	Größe [kb]	Replikon	Eigenschaften	Referenz
pWHM4*	7,9	pUC 19, PIJ 101	P_{ermE*}, lacZ, bla, tsr	[106]
pGEM T easy	3,0	ori	3´-T Überhänge, SP6/T7/pUC/M13 Sequenzierung, lacZ, bla	[98]
pRSET B	2,9	pUC	P_{T7}, N-6×His, Enterokinase Schnittstelle, bla	[107]
pMAL-c2x	6,7	pMB1	P_{tac}, $lacI^q$, N-MalE, Faktor Xa-Schnittstelle, lacZα, bla	[108]

Tabelle 11: Vektoren

Plasmide

Plasmid	Größe [kb]	Vektor	Insert	Resistenz	Referenz
FTM53-pGEMte	4,0	pGEM T easy	aurF (PCR)	amp	hier
pMR1	7,7	pMAL-c2x	aurF	amp	[109]
pRW1	8,9	pWHM4*	aurF	amp, tsr^R	hier
pRW8	3,9	pRSET B	aurF	amp	hier
pRW10	9,1	pWHM4*	6×His-aurF	amp, tsr	hier

Tabelle 12: Plasmide

2.2.17 Exprimierte Proteine

Plasmid	Protein	AS	MW [kDa]	pI
pRW1	AurF nativ	336	38,1	5,17
pRW8	6×His AurF mit Enterokinase-Schnittstelle	385	43,4	5,23
pRW10	6×His AurF mit Enterokinase-Schnittstelle	385	43,4	5,23
pMR1	MalE-AurF Fusionsprotein mit Faktor Xa-Schnittstelle	732	81,5	5,05
	Faktor Xa-AurF Fragment ($\cong$ 9 AS-AurF)	345	39,0	5,02

Tabelle 13: Exprimierte Proteine; theoretische Werte für MW und pI berechnet mit ProtParam [110]

2.3 Herstellung von AurF

2.3.1 Hochzelldichte-Kultivierung

Hochzelldichte-Fermentationen von *E. coli* wurden im Naturstofftechnikum des HKI nach etablierten Methoden [90] durchgeführt und von UWE KNÜPFER betreut. Dabei kamen Fermentoren mit einem Nettovolumen von 450 ml (Sixfors Fermenter, Infors) oder 2 l (Twin Fermenter System Biostat, B Braun Biotech) zum Einsatz.

Um eine bestmögliche Faltung des Enzyms durch Chaperone zu erreichen, wurde die Fermentationstemperatur auf 26 °C festgelegt [111]. Fed-batch Betriebsweise unter Glucose/MgSO$_4$-Limitation verhinderte Substratinhibierung und Übersäuerung durch Acetat. Eine pH-Regelung mit NH$_4$OH (Soll-pH: 6,6) diente gleichzeitig der Stickstoffdosierung. Der Sauerstoffgehalt wurde zunächst durch Erhöhung der Rührerdrehzahl und in späteren Wachstumsphasen durch Zuleitung von Reinst-Sauerstoff auf 20 % pO$_2$ geregelt. Entstehung von Schaum wurde über eine Elektrode überwacht und durch die Zugabe von Antischaummittel (Ucolub N115, Frago Industrieschmierstoffe Mühlheim) bekämpft.

Beimpft wurde mit einer Vorkultur einer OD_{600} von 2-3 zu einer Start-OD_{600} im Fermenter von 0,15. Die Expression wurde bei OD_{600} von 50 mit 1 mM IPTG induziert und dauerte 4 h. Geerntet wurden die Fermentationen bei OD_{600} von 100, was ca. 130 g/l Feuchtbiomasse entspricht, bzw. 26 g/l Biotrockenmasse.

Nach der Fermentation wurden die Zellen bei 4 °C abzentrifugiert (20 min bei 10.000 UpM) und portioniert à ca. 20 g bei -20 °C eingelagert.

2.3.2 Aufreinigungsstrategien

Aufreinigungsstrategien für unterschiedliche Verwendungszwecke des Enzyms sind Abbildung 12, S. 48 zu entnehmen. Die Lösungen für die Aufreinigung sind in Tabelle 14 aufgelistet.

2.3.3 Lösungen für die Aufreinigung von 9 AS-AurF

	AFF A	AFF B	AEC A	AEC B	CIP 1	CIP 2	CIP 3
Endvolumen	1,5 l	0,3 l	2,0 l	1,0 l	1,0 l	0,2 l	0,25 l
Lösungsmittel	H_2O	AFF A	H_2O	H_2O	H_2O	H_2O	CIP 1
Tris Base	3,36 g	-	4,85 g	2,42 g	-	-	-
NaCl	43,83 g	-	-	58,44 g	-	-	-
D(+)-Maltose (Monohydrat)	-	1,08 g	-	-	-	-	-
SDS, 10 % siehe Tab. 15	-	-	-	-	-	2 ml	-
Ethanol	-	-	-	-	0,2 l	-	-
Natriumacetat (Trihydrat)	-	-	-	-	-	-	1,70 g
pH (24 % HCl)	7,5	7,5	7,5	7,5	-	-	4,0

Tabelle 14: Lösungen für die Aufreinigung

2.3.4 Primärreinigung

1. **Resuspension**: Ca. 20 g Zellpellet (-20 °C) wurden in 200 ml AFF A (20 mM Tris, 0,5 M NaCl, pH 7,5; siehe Tab. 14) unter Rühren (Becherglas mit Magnetrührer) aufgetaut und resuspendiert.
2. **Hochdruckhomogenisation**: Aufschluss der Zellen erfolgte durch 5-7 Passagen bei 1000-1500 bar (Hochdruckhomogenisator Niro Soavi Panda 2K), bis die Viskosität der Lösung stark reduziert war (Scherung der Nukleinsäuren). Der Homogenisator wurde mit AFF A nachgespült, bis ein Volumen von etwa 240 ml erreicht war. Durch den hohen Energieeintrag erhöht sich die Temperatur prinzipbedingt um theoretisch etwa 30 °C, d.h. direkt nach dem Homogenisierventil auf etwa 40 °C. Um die Gefahr einer möglichen Hitzedenaturierung des Proteins möglichst gering zu halten, wurden zur Kühlung der Vorlage ein doppelwandiger, und somit kühlbarer, Edelstahltrichter eingesetzt, sowie ein effektiver Röhrenwärmetauscher für das Homogenat. Beide werden über einen externen Kühler auf 4 °C temperiert, wodurch die Temperatur des Homogenates am Auslass unter 10 °C gehalten werden kann.
3. **Zentrifugation**: Gleichmäßiges Aufteilen des Homogenates auf sechs Falcon-Röhrchen 50 ml. 30 min Zentrifugation bei 10.000 rcf und Kühlung auf 4 °C (Eppendorf Centrifuge 5810 R).
4. **Mikrofiltration**: Vakuumfiltration über Bottle Top Filter (Millipore, Filterdurchmesser ∅ 47 mm, externe Vakuumpumpe) durch 1,2 μm Cellulose Membran (Millipore RAWP04700). Filterwechsel nach jedem Falcon-Röhrchen.

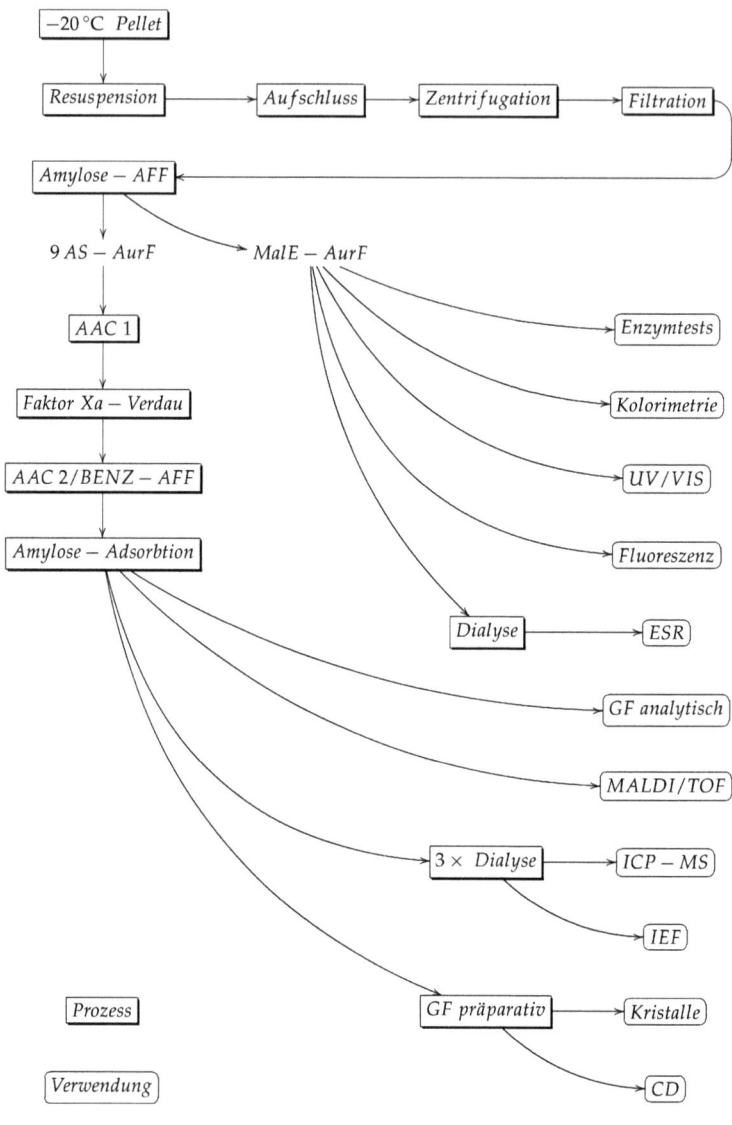

Abbildung 12: *Flussdiagramm der Proteinreinigung nach Verwendungszweck. Abkürzungen siehe Anhang.*

2.3.5 Chromatographiesequenz

Genaue Pufferzusammensetzungen sind Tabelle 14, S. 47 zu entnehmen.

Amylose-Affinitätschromatographie (AAF-Amylose)
Das Filtrat aus der Primärreinigung wurde mit einer Flussrate von 3 ml/min auf eine mit Puffer AFF A äquilibrierte 17 ml Amylose Fast Flow Säule geladen (Säulenmaterial: New England Biolabs; Leersäule XK16; FPLC ÄKTA explorer, Amersham Biosciences) und solange mit dem Puffer AFF A gespült, bis die Absorption bei 280 nm annähernd konstant war. Für Waschen und Elution wurde dabei die Flussrate auf 2 ml/min reduziert. Eluiert wurde mit einem 5 CV-Gradienten von 0-100 % AFF B (AFF A +10 mM Maltose) und kombinierter Festvolumina-/Peakfraktionierung. Während der gesamten Amylose-Affinitätschromatographie wurde die Säule über eine Mantelkühlung auf 4 °C gekühlt, wodurch auf die Zugabe von Proteaseinhibitoren verzichtet werden konnte. Gereinigt wurde die Säule mit 3 CV 0,1 %iger SDS-Lösung, anschließend mit 20 %iger Ethanollösung konserviert und bei bei 4 °C eingelagert.

Anionenaustauschchromatographie (AAC 1)
Die folgenden Chromatographieschritte wurden bei Raumtemperatur und einer Flussrate von 2 ml/min durchgeführt.

Zur weiteren Aufreinigung des Fusionsproteins wurde eine Anionenaustauschchromatographie gewählt, da pH-Wert und Salzkonzentrationen in einem physiologischen Bereich eingestellt werden können. Um die Bindung an die Anionentauschersäule (2× 5 ml HiTrap Q HP, Amersham Biosciences) zu ermöglichen, musste der Pool aus der Affinitätschromatographie zunächst 1:10 mit Puffer AAC 1 (20 mM Tris, pH 7,5) verdünnt werden. Nach Bindung und Waschen wurde mit einem 40 CV-Gradienten von 0-50 % AAC B (20 mM Tris, 1 M NaCl, pH 7,5) eluiert. Zur Regenerierung der Säule folgten dann noch 5 CV mit 100 % AAC B.

Anionenaustauschchromatographie mit Benzamidin-Affinitätschromatographie (AAC 2/ AFF-BENZ)
Dieser Anionenaustauschchromatographieschritt wurde zur Aufreinigung von 9 AS-AurF nach dem Faktor Xa-Verdau (siehe Abschnitt 2.3.6) eingesetzt. Säulen und Puffer sind dieselben wie im ersten Anionenaustauschchromatographie-Schritt, allerdings wird zusätzlich an den Ausgang der zweiten Anionentauschersäule eine 1 ml HiTrap Benzamidin FF high sub Säule (Amersham Bioscience) befestigt, um Faktor Xa spezifisch zu binden. Ein negativer Einfluss dieser Säule auf die Auflösung wurde dabei nicht festgestellt. Zur Erhöhung von Auflösung, Kapazität und Protein-Endkonzentration wurde auch eine alternative Strategie entwickelt: Der Faktor Xa-Verdau wurde zunächst auf eine Leitfähigkeit von 20 mS/cm eingestellt und die Säulen mit 17,5 % AAC B äquilibriert. Unter diesen Bedingungen kann das MalE-Fragment nicht an die Säulen binden und die Säulen werden nur mit dem 9 AS-AurF-Fragment beladen. Anschließend kann das 9 AS-AurF mit einem Stufengradienten auf 100 % AAC B konzentriert eluiert werden. Zur Lagerung wurden die AAC-Säulen mit 20 %iger Ethanollösung gespült, bzw. die Benzamidinsäule mit CIP 3-Lösung.

Amylose-Adsorption
Als letzter Schritt zur Herstellung von hochreinem 9 AS-AurF wurde den Fraktionen noch bis zu 10 % (v/v) Amylosegel zugegeben (nur beim Hauptpeak; bei anderen Peaks 1 %) und über Nacht, bzw. während des Transportes nach Freiburg inkubiert. Damit konnten Reste an ungespaltenem MalE-AurF und MalE-Fragmenten gebunden und abzentrifugiert werden.

Gelfiltration (präparativ)

Die präparative Gelfiltration wurde von GEORG ZOCHER (Uni Freiburg) durchgeführt, um neben der erwünschten Umpufferung auch während des Transportes entstandene Aggregate abtrennen zu können. Nach dieser Chromatographiestufe lag das 9 AS-AurF mit einer Konzentration von etwa 8,5 mg/ml im GF-Puffer (20 mM HEPES-NaOH, pH 7,5, 200 mM NaCl) vor. Diese Formulierung konnte entweder direkt für Versuche verwandt werden oder in Aliquoten eingefroren (-20 °C). Die Kristallisationsfähigkeit des Proteins wurde durch das Einfrieren nicht beeinflusst.

2.3.6 Faktor Xa-Verdau

Der Pool von gereinigtem, monomerem Fusionsprotein aus der ersten AAC (etwa 90 ml) wurde über Nacht bei Raumtemperatur mit 400 Einheiten Faktor Xa (Quiagen, 2 U/μl) inkubiert. Vorversuche hatten gezeigt, dass der Verdau durch die hohe Salzkonzentration von etwa 300 mM NaCl begünstigt wird, da sekundäre Spaltung unterdrückt und die Proteinstabilität erhöht wird.

Diese optimierten Bedingungen weichen stark vom empfohlenen Standardprotokoll ab [112, 113].

2.3.7 Herstellung von SeMet-substituiertem AurF

Um für Phasingmessungen in AurF zur Kristallisation Methionin gegen Selenomethionin (SeMet) auszutauschen, wurde die Methionin-Pathway-Inhibition Methode nach DOUBLIÉ ET AL. an die Aminosäurezusammensetzung von MalE-AurF angepasst [114].

Im Minimalmedium der HCDC wurde die Methionin-Biosynthese in *E. coli* durch Zugabe verschiedener Aminosäuren unterdrückt und statt dessen Seleno-Methionin zugefüttert.

Für den Aminosäure-Inhibitionsmix wurden je 1 g Lysin, Phenylalanin, Threonin, Leucin, Isoleucin, Valin und Tyrosin in 100 ml angesäuertem H_2O gelöst. 1 g Seleno-(L)-methionin wurde separat in 40 ml gelöst.

Eine Stunde vor der Induktion der 200 ml HCDC (im 500 ml Fermenter) wurden 20 ml Inhibitionsmix und 8 ml SeMet-Lösung gefüttert, dann bei der Induktion und jede folgende Stunde. Drei Stunden nach der Induktion wurden das letzte Mal Aminosäuren gefüttert, eine Stunde später wurden 400 µl 14 M β-Mercaptoethanol als Oxidationsschutz zugegeben und die Zellen geerntet.

Bei der Aufreinigung wurden in alle Puffer 5 mM β-Mercaptoethanol als Reduktionsmittel zugegeben, im letzten Chromatographieschritt (AAC 2) statt β-Mercaptoethanol 0,5 mM des stabileren Tris(2-carboxy)-ethylphosphins (TCEP).

2.3.8 Dialyse

Dialyse gegen H_2O diente der Entsalzung für die ICP-MS/OES-Messungen. Durch Dialyse gegen EDTA sollte zudem untersucht werden, ob sich Metalle aus dem aktiven Zentrum des Enzyms herauslösen lassen, bzw. ob unspezifisch gebundene Metalle entfernt werden können. Zugabe von Ascorbinsäure sollte dabei Fe^{3+} zu Fe^{2+} reduzieren. Basis für den Versuch waren ähnliche Verfahren, die bereits erfolgreich bei Fe-/Mn- Metallenzymen angewandt wurden [115, 116].

Dialysierschläuche

Regenerierte Zellulose, nominaler *cut-off* 14.000 Da, Dicke 0,8 mm, pH Stabilität 5-9, stabil gegenüber EDTA, keine unspezifische Proteinbindung (< 1 ng/g), Hersteller Visking (Laborfachhandel Roth, Art.-Nr. 1780.1)[117].

Proteinprobe

Für die Dialyse/ICP-MS/OES-Experimente wurde frisch affinitätsgereinigtes MalE-AurF Fusionsprotein verwendet. Die Proteinkonzentration des Pools betrug 0,92 mg/ml.

Dialyse gegen H_2O

1. Einfüllen von 15-20 ml Proteinlösung in den Dialyseschlauch und Verknoten der Enden.
2. Unter Rühren über Nacht dialysieren
   a) gegen 2 l H_2O.
   b) gegen 2 l 1 mM EDTA, 1 mM Ascorbinsäure.
3. Unter Rühren 6 h gegen 2 l H_2O dialysieren.
4. Unter Rühren über Nacht gegen 2 l H_2O dialysieren.
5. Öffnen des Dialyseschlauches mit einem Glas(!)splitter.

Für sämtliche Schritte wurden Glasbehältnisse eingesetzt. Bei Dialyse gegen H_2O (MilliQ) wurden einige Körnchen Trisbase zugegeben und der pH auf 7,5 eingestellt.

2.4 AurF N-Oxygenase-Enzymassays

2.4.1 *In vivo*-Assay für *S. lividans*

Der *in vivo*-Assay wurde erweitert nach Vorarbeiten von KAWAI ET AL. [41] und HE [92].
100 ml Soja 2G Medium mit 25 mg/ml Thiostrepton in einem 500 ml Erlenmeyerkolben wurden mit 1 ml aus einer *S. lividans* ZX1/pRW1 - 80 °C Arbeitszellbank beimpft und drei Tage bei 28 °C und 180 UpM auf einem Orbitalschüttler inkubiert. 10 ml dieser Vorkultur wurden dann in 250 ml Bö 6 Medium mit 25 mg/ml Thiostrepton in 1 l Erlenmeyerkolben überführt und weitere 4 Tage bei 28 °C und 180 UpM geschüttelt.

Das Mycel dieser Kulturbrühe wurde durch einen MN640-Papierfilter abfiltriert, und 20 g-Portionen von feuchter Zellmasse wurden in 500 ml Erlenmeyerkolben mit 100 ml PBS ($Na_2HPO_4 \cdot 2H_2O$ 1,44 g/l, KH_2PO_4 0,24 g/l, NaCl 8,00 g/l, KCl 0,20 g/l, pH 7) resuspendiert. Nach 15 min Schütteln bei 28 °C und 180 UpM wurden die Startproben entnommen und Substrate als ca. 20 mg/ml Stocklösungen in Methanol zugegeben, so dass eine Endkonzentration von 0,07 mg/ml erreicht wurde. Die enzymatische Reaktion wurde „at-line" über den chromatographischen Nachweis von PABA, PHABA und PNBA aus 1 ml-Proben gemessen. Zusätzliche Proben wurden bei -20 °C für spätere Untersuchungen eingefroren.

2.4.2 *In vivo*-Assay für *E. coli*

Zellpellets von induzierten *E. coli*-Kulturen wurden in PBS (s. o.) resuspendiert und bei 27 oder 37 °C und 180 UpM auf einem Orbitalschüttler inkubiert. Ansonsten wurde der Test analog zum *S. lividans*-Assay durchgeführt.

2.4.3 *In vitro*-Assay

Elutionsfraktionen von MalE-AurF (durchschnittlich 5 mg/ml) wurden entweder direkt oder mit bis zu 60 % v/v Wasser verdünnt eingesetzt. Zur Aktivierung wurden 1,2 % v/v H_2O_2 zugegeben. Für das Rezirkulationsexperiment mit immobilisiertem MalE-AurF wurde die H_2O_2-Konzentration auf 0,9 % reduziert, um oxidative Schädigung des Enzyms zu minimieren. Substrate wurden gelöst in Methanol (mind. 10 mg/ml) zugegeben.

2.4.4 FPLC-Analytik der Reaktion

Diese Methode wurde angepasst nach einem Verfahren zur Bestimmung von PABA in menschlichem Blut [118].

Geräte

FPLC-Anlage ÄKTA explorer mit Resource™ RPC 3 ml Säule (Amersham)

Methode

1 ml Probe wurde mit 10 µl 24 % HCl angesäuert und 1 min bei 12.500 rcf zentrifugiert. Danach wurde der Überstand durch einen Spritzenvorsatzfilter (∅ 25 mm, 0,2 µm, PES, PALL) in eine 100 µl Probenschleife gespritzt.

Flussrate: 2 ml/min

Puffer A: 10 mM Na_2HPO_4, 12 % Acetonitril, pH 3 (mit 24 % HCl)

Puffer B: Methanol

Vor Injektion der Probe wurde die Säule mit 5 CV Puffer A äquilibriert, nach der Injektion wurde zunächst mit 5 CV A eluiert, dann mit einem 5 CV Gradienten von 0-100 % B und schließlich mit 5 CV. Der Methanolgradient ist notwendig für die Elution von PNBA und anderen hydrophoben Komponenten.

Die Aufzeichnungswellenlängen wurden nach UV/VIS-Vorversuchen auf 280 nm, 325 nm und 360 nm festgelegt, bzw. auf die jeweiligen Analyten optimiert [109]. Identifizierung und Quantifizierung der Peaks erfolgte durch Vergleich mit Referenzsubstanzen.

Peaks im methanolischen Gradientenbereich konnten mit der unveränderten Methode für die Massenspektrometrie fraktioniert werden, für Fraktionierung zur MS im wässrigen Gradientenbereich wurde Puffer A durch einen 10 mM Acetatpuffer mit 12 % Acetonitril, pH 3,7 (Eisessig) ersetzt [109].

Die Methode erwies sich als robust und zeigte sehr niedrige Detektionsgrenzen bei 280 nm. Bei einem vorausgesetztem Signal-Rausch-Verhältnis von 3:1 ergab sich für PABA eine Nachweisgrenze von 0,4 mg/ml und für PNBA eine Nachweisgrenze von 0,6 mg/ml.

2.5 Proteinanalytik

2.5.1 Bestimmung der Proteinkonzentration

Proteinkonzentrationen von Lösungen mit > 90 % Reinheit (SDS-PAGE) wurden anhand des mit ProtParam [110] berechneten theoretischen Extinktionskoeffizienten bei 280 nm errechnet. Dieser beträgt für MalE-AurF 1,46 AU·ml/mg, bzw. 1,36 AU·ml/mg für 9 AS-AurF.

Die Messung der Absorption erfolgte entweder in einer Küvette zur Auswertung in einem Eppendorf BioPhotometer (Verdünnung auf A_{280}=-0,1..1), oder online bei der FPLC.

2.5.2 Isoelektrische Fokussierung

Für die Isoelektrische Fokussierung (IEF) wurden von Bio-Rad erhältliche Gele mit einem pI-Gradienten von 3-10 und die entsprechenden Kathoden- und Anodenpuffer eingesetzt.

Probenvorbereitung und Elektrophorese
1. IEF Gel in Elektrophorese-Apparatur einbauen
2. Anodenpuffer (7 mM H_3PO_4) in der Mitte, Kathodenpuffer (20 mM Lysin, 20 mM Arginin) außen einfüllen.
3. Gegen H_2O dialysierte Probe (ca. 0,8 mg/ml Proteinkonzentration) 1:2 mit 50 %igem Glycerol verdünnen.
4. Jeweils 15 µl der Probe, bzw. 1 µl des Standards (Bio-Rad IEF Standard pI 4,45-9,6), in die Geltaschen füllen.

5. Gel 1 h bei 100 V, dann 1 h bei 250 V, abschließend 0,5 h bei 500 V laufen lassen (PowerPac 3000, Bio-Rad).
6. Kolloidale Coomassie-Färbung, siehe 2.5.4, S. 59. Beim Entfärben kurzzeitig bis zu 50 % Ethanol; zusätzlich 1 % v/v 85 %ige H_3PO_4 bei allen Entfärbeschritten.

2.5.3 SDS-PAGE

Adaptiert nach SAMBROOK ET AL. [96]

Lösungen

10 % APS, 1 ml	100 mg Ammoniumperoxodisulfat + 1 ml H_2O. Frisch ansetzen!
1,5 M Tris, pH 8,8, 100 ml	18,121 g auf 75 ml, pH mit 24 % HCl einstellen, auf 100 ml auffüllen
1 M Tris, pH 6,8, 100 ml	12,114 g auf 85 ml, pH mit 24 % HCl einstellen, auf 100 ml auffüllen
10 % SDS, 100 ml	10 g SDS, auf 100 ml auffüllen
Tris-Glycin Puffer 5×, 1 l	15,1 g Tris-Base, 95 g Glycin und 5 g SDS auf 1 l auffüllen. pH nicht einstellen!
Tris-Glycin Puffer 1×, 1 l	200 ml 5× Stock auf 1 l auffüllen

Tabelle 15: Lösungen für SDS-PAGE

Gele

	Trenngel, 10 %, [ml]	Sammelgel, 5 %, [ml]
H_2O	7,9	5,5
30 % Acrylamid/Bis 29:1	6,7	1,3
1,5 M Tris, pH 8,8	5,0	-
1,0 M Tris, pH 6,8	-	1,0
10 % w/v SDS	0,2	0,08
10 % w/v APS (frisch)	0,2	0,08
TEMED	0,008	0,008

Tabelle 16: SDS-PAGE Gele

Gießen der Gele

1. Trenngel direkt nach Zugabe von TEMED gründlich mischen und umgehend je 8 ml zwischen die Glasplatten (Abstand 1,5 mm) gießen. Sofort mit 200 µl n-Butanol überschichten.

2. Nach Polymerisation das Butanol mit Filterpapier entfernen.
3. Sammelgel gießen und mit 80 µl n-Butanol überschichten.
4. Gewünschten Kamm einsetzen und auspolymerisieren lassen.

2× **Probenpuffer, 9,86 ml**

Soll (2×)	Stammlösung	Einwaage/Vol.
100 mM Tris, pH 6,8	1 M Tris, pH 6,8	1 ml
4 % SDS	10 % SDS	4 ml
0,2 % Bromphenolblau	-	20 mg
20 % Glycerol	wasserfrei	2 ml
H_2O	-	2,86

Tabelle 17: Probenpuffer für SDS-PAGE, nicht-reduzierend

Für reduzierenden Probenpuffer werden 986 µl des nicht-reduzierenden Probenpuffers mit 14 µl 14 M β-Mercaptoethanol gemischt. Reduzierender Probenpuffer ist bei -20 °C zu lagern.

Probenvorbereitung und Elektrophorese

1. 10 µl Probe (ca. 0,2 mg/ml Proteinkonzentration) mit 10 µl 2× Probenpuffer mischen; kurz zentrifugieren.
2. 3 min bei 99 °C verkochen.
3. Jeweils 5 µl der Probe, bzw. Standards (Roti®-Mark 10-150), in die Geltaschen füllen.
4. Gel 1 h bei 150 V laufen lassen.
5. Kolloidale Coomassie-Färbung, siehe 2.5.4

2.5.4 Kolloidale Coomassie-Färbung von SDS-PAGE- und IEF-Gelen

1. 15 ml Ethanol (96 % oder Rotisol) mit H_2O auf 80 ml auffüllen. 20 ml 5-fach Roti®-Blue zugeben und mischen.
2. Gel in die Färbelösung geben und über Nacht schwenken lassen.

3. Gel mit H$_2$O waschen und mit 200 ml 15%iger Ethanollösung den Hintergrund entfärben, dabei ggf. die Lösung wechseln. Beim Entfärben ein Papiertuch in die Schale geben zur Aufnahme von Farbpartikeln.
4. Gel scannen.
5. Optional: Gel auf Filterpapier legen und 3 h bei 55 °C und Vakuum (Bio-Rad Geltrockner) trocknen.

2.5.5 Tryptischer Verdau von SDS-PAGE-Banden

Diese Methode beschreibt den tryptischen In-Gel Verdau von Proteinbanden aus SDS-PAGE Gelen, die mit kolloidalem Coomassie gefärbt wurden, zur anschließenden Analyse mit MALDI-TOF/TOF (angepasst nach SHEVCHENKO ET AL. [119]).

Lösungen
Es sind die reinstmöglichen Chemikalien einzusetzen! Vorzugsweise für Peptidsynthese, Elektrophorese oder MALDI-TOF spezifiziert.

NH$_4$HCO$_3$, 50 mM, 100 ml	400 mg in 100 ml H$_2$O reinst lösen
Dithiothreitol (DTT), 10 mM, 1 ml	1,54 mg in 1 ml NH$_4$HCO$_3$-Lsg. (s.o.) lösen
Iodazetamid (IAA), 55 mM, 1 ml	10,2 mg in 1 ml NH$_4$HCO$_3$-Lsg. (s.o.) lösen
Trypsin Promega, 10 ng/µl, 2 ml	20 µg Aliquot Trypsin Promega V511A + 1 ml NH$_4$CO$_3$-Lsg. (s.o.); zu je 100 µ aliquotieren und 100 µl H$_2$O zugeben. Endkonzentration 25 mM NH$_4$HCO$_3$. Einfrieren der Aliquote bei -20 °C

Tabelle 18: Lösungen für tryptischen In-Gel Verdau

Ausschneiden von Proteinbanden aus Polyacrylamid-Gelen
1. Gel 3× mit Wasser waschen (je 10 min)
2. Proteinbanden mit einem Skalpell ausschneiden und in Würfel mit ca. 1 mm Kantenlänge schneiden.

3. In 1,5 ml Reagenzgefäße überführen.

Waschen und Entfärben der Gelstücke
1. Gelstücke 15 min mit 500µl Wasser waschen.
2. Wiederholung mit 50 mM NH_4HCO_3/Acetonitril (1:1 v/v).
3. Flüssigkeit entfernen und Gelstücke mit Acetonitril bedecken. Diese schrumpfen und kleben zusammen.
4. Acetonitril entfernen und Gelstücke mit 20 µl 50 mM NH_4HCO_3 rehydratisieren.
5. Nach 5 min 20µl Acetonitril zugeben.
6. Nach 15 min sämtliche Flüssigkeit entfernen und Gelstücke mit Acetonitril schrumpfen (siehe 3.).
7. Trocknen der Gelstücke in einer Vakuumzentrifuge.

Reduktion und Alkylierung
1. Schwellen der Gelstücke in DDT-Lsg (s.o.).
2. 45 min bei 56 °C inkubieren.
3. Auf Raumtemperatur abkühlen.
4. Flüssigkeit entfernen und durch gleiche Menge an IAA-Lsg. ersetzen.
5. 30 min bei Raumtemperatur im Dunklen inkubieren.
6. Flüssigkeit entfernen.
7. Gelstücke mit 500 µl 50 mM NH_4HCO_3 und danach mit 500 µl 50 mM NH_4HCO_3/Acetonitril (1:1 v/v), je 15 min waschen.
8. Gelstücke mit Acetonitril schrumpfen und trocknen wie oben beschrieben.

In-Gel Verdau
1. Schwellen der Gelstücke in Trypsin-Lsg (s.o.).
2. Übernacht bei 37 °C inkubieren.

Extraktion der Peptide
1. Zugabe von 0,1 % TFA/Acetonitril (1:1 v/v). Die Gelstücke sollten dabei gerade bedeckt sein, um Verdünnung der Peptide zu vermeiden. Ggf. können andere Mischverhältnisse eingesetzt werden, um die Extraktion zu optimieren.
2. 1 h lang extrahieren.

2.5.6 Kapillar-LC Spotting

Mit Kapillar-LC Spotting können kleine Probenmengen von Protein- oder Peptidgemischen aufgetrennt und entsalzt werden. Die Fraktionen aus der Chromatographie können dabei online mit Matrix gemischt und direkt auf ein Target für die MALDI-TOF/TOF Analyse gespottet werden.

Geräte
Chromatographiesystem: Cap-LC Agilent 1100 Säule: Zorbax SB-C18, 5 µm, 150 × 0,5 mm Spotter: PROTEINEER FC, Bruker Daltonics GmbH

Methode
Probenvolumen: 0,5 µl
Flussrate: 15 µl/min
Puffer A: Wasser + 0,1 % TFA
Puffer B: Acetonitril + 0,1 % TFA
Gradient von 5 % auf 80 % B
Detektion: UV 215 nm
Säulenofen: 25 °C

Spotten der Fraktionen
Auf AnchorChip 800 target, je 10 s, 192 Fraktionen. Onlinemischung der Fraktionen mit gesättigter HCCA-Lsg. in TA30 (Acetonitril/0,1 % TFA 1:3 v/v)

2.5.7 MALDI-TOF/TOF

Geräte und Lösungen
Ultraflex MALDI-TOF/TOF und Target aus gebürstetem Edelstahl von Bruker Daltonics GmbH, Bremen. TA30 ist eine Mischung aus Acetonitril und 0,1 % TFA in einem volumetrischen Verhältnisch von 1:3. Als Matrixlösung wurde sowohl für Proteine als auch für Peptide eine gesättigte HCCA-Lsg. in TA30 gewählt.

Entsalzung von Protein-/Peptidproben
Zur Entsalzung wurden PepClean™C-18 Spin Säulen von PIERCE (Art.-Nr. 89870) eingesetzt. Die genaue Verwendung ist der Bedienungsanleitung zu entnehmen [120]. Entsalzte und getrocknete Proben wurden in TA30 aufgenommen.

Probenvorbereitung
1. Entsalzung (s.o.) oder Verdau der Proben (für typtische Fingerprints, siehe Abschnitt 2.5.5, S. 60)
2. 3 µl Probe mit 3 µl Matrixlösung mischen.
3. 3 µl Gemisch auf das Edelstahltarget aufpipettieren und vollständig trocknen lassen.
4. Auf die gleiche Weise geeigneten Kalibrierstandard mit Matrix mischen und diesen auf eine Position nahe der Probe aufbringen.

Messung von einfachen Spektren/ tryptischen Fingerprints
1. Geeignete Messparameter laden/ einstellen.
2. Auswahl eines Standards in der Nähe der Probe.
3. Aufsummieren von Spektren, bis ein gutes Signal/Rausch-Verhältnis erreicht ist.
4. Abspeichern des Summenspektrums und Zuordnung der Peaks zu den Referenzmassen (Bei Peptiden monoisotopische Masse).
5. Abspeichern der Kalibrierung und Messung der Proben.

Messung von LIFT-Spektren

Für die Aufnahme von Fragmentierungsspektren, sog. LIFT-Spektren, sind nur Peaks geeignet, die ein hohes Signal/Rausch-Verhältnis aufweisen und möglichst keine direkt benachbarten Peaks in unmittelbarer Nähe haben.

1. Auswahl einer LIFT-Methode und Einstellen der theoretischen Masse des Peptides als „Parent Mass".
2. Messung und Aufsummieren eines Parent Mass-Spektrums.
3. Abspeichern des Parent-Spektrums und Auswahl des Parent-Peaks im Spektrum.
4. Messung des Fragmentierungsspektrums. Dabei eine höhere Anzahl von Laserimpulsen pro Spektrum einstellen und die Laserintenisität ggf. erhöhen.
5. Abspeichern des Summenspektrums, wenn eine ausreichende Anzahl an Peaks mit zufriedenstellendem Signal/Rausch-Verhältnis erreicht ist.

Auswertung in FlexAnalysis und BioTools

1. In FlexAnalysis: Auswahl eines geeigneten Skripts und Detektion der Protein- bzw. Peptidmassen (m/z).
2. Senden des Spektrums zu BioTools.
3. Starten einer Datenbanksuche bei NCBI oder MSD. Dabei die Parameter bezüglich des Probenzustandes (unvollständiger Verdau, Cysteine alkyliert, mögliche Methioninoxidation) angeben, sowie die ungefähre Genauigkeit der Messung (z. B. 200 ppm).
4. Evaluierung der Ergebnisse und evtl. mit neuen Parametern wiederholen.
5. Alternativ kann die gewünschte Aminosäuresequenz direkt zum Vergleich eingegeben und mit der Peakliste abgeglichen werden.

2.5.8 Gelfiltration (analytisch)

Geräte
FPLC: ÄKTA explorer, Amersham Biosciences
Säule: HiLoad superdex G75 16/60

Methode
Probenschleife/Beladung: 0,5/0,7 ml
Puffer: 20 mM Tris, 0,15 M NaCl, pH 7,5
Flussrate: 1 ml/min (isokratisch)
Gradient: isokratisch
Detektion: 280 nm
Temperatur: Raumtemperatur

Kalibrierung
Standards: Low Molecular Weight Calibration Kit, Amersham Biosciences; vier Proteine und zwei Dimere; Kalibrierbereich 13,7 bis 134 kDa
Modell: Quadratisch (log MW); Varianz: 99,282 %

Probe
1. 9 AS-AurF aus AAC 2, Zugabe von 900 µl H_2O und 900 µl Amylosegel.
2. 2 h Inkubation bei Raumtemperatur zum Entfernen von Fusionsprotein und Maltosebindeproteinresten.
3. Abschließend Filtration durch einen 0,2 µm PES Spritzenfilter.

2.5.9 Elektronenspinresonanz (ESR)

MalE-AurF Fusionsprotein wurde nach Absprache von GEORG ZOCHER (Uni Freiburg) auf 5,28 mg/ml konzentriert und gegen HEPES-Puffer (20 mM HEPES/NaOH pH 7,5, 200 mM NaCl) dialysiert.

Das Umpuffern ist notwendig, da der pH-Wert des bei der Aufreinigung verwandten Tris-Puffers bei niedrigen Temperaturen stark absinkt ([121], bzw. [122], [123]). Mit der MalE-AurF-Proteinlösung in HEPES wurden drei verschiedene Ansätze vorbereitet, die auf Vorversuchen (UV/VIS und *in vitro*-Aktivität) basierten (siehe Tab. 19).

	Ansatz 1 [µl]	Ansatz 2 [µl]	Ansatz 3 [µl]
Proteinlsg.	500	500	500
Puffer	50	45	22,5
30 % H_2O_2	-	5	25
PABA (10 mg/ml in MeOH)	-	-	2,5

Tabelle 19: Ansätze für ESR-Messungen

Die auf 5 K tiefgekühlten Proben wurde von Prof. Thorsten Friedrich (Uni Freiburg) an einem Bruker ESP 300 gemessen, die Auswertung wurde mit den frei erhältlichen P.E.S.T. (Public EPR Software Tools)-Paketen durchgeführt [124].

2.5.10 ICP-MS und ICP-OES

ICP-MS und ICP-OES wurden an dialysierten Proben von Dr. Dirk Merten (Uni Jena) übernommen. Vor der Messung wurden die Proben entsprechend verdünnt und mit HNO_3 angesäuert.

Geräte
MS: PQ3, ThermoElemental, Winsford, U.K.
OES: Spectroflame, Fa. Spectro in Kleve, Deutschland

2.5.11 Kolorimetrische Bestimmung von Fe und Mn

Fraktionen aus der Affinitätschromatographie mit etwa 5 mg/ml Proteinkonzentration wurden mit 10 µl 65 %iger HNO_3 pro ml Probe 5 min bei 99 °C ausgekocht. Die abgekühlten Proben wurden dann mit 10 M NaOH, bzw. 65 %iger HNO_3 auf ca. einen pH von etwa 7 eingestellt und das ausgefallene Protein abzentrifugiert. Anschließend wurden folgende Tests nach Vorschrift durchgeführt:

Eisentest

Eisen wird durch Ascorbinsäure zu Fe^{2+} reduziert und mit 1,10-Phenanthrolin versetzt. Es entsteht ein roter Komplex, der photometrisch bestimmt wird. Der verwandte Eisen-Test, Art. 1.00796.0001 von Merck, ist analog zu DIN 38406 E1 und US-Standard Methods 3500-Fe D [125].

Mangan-Küvettentest

In alkalischer Lösung wird von Mn^{2+} mit einem Oxim ein rotbrauner Komplex gebildet, der anschließend photometrisch vermessen wird. Der eingesetzte Mangan-Küvettentest, Art. 1.00816.0001 von Merck, entspricht DIN 38406 E2 [126].

2.5.12 Kristallisation

Kristallzucht und -vermessung wurden von GEORG ZOCHER (Universität Freiburg) durchgeführt. Das dazu verwandte aufgereinigte 9 AS-AurF wurde auf Nasseis in einer Styroporbox mit TNT Übernacht-Express nach Freiburg verschickt.

Experimentelle Einzelheiten sind den Referenzen [127] und [128] zu entnehmen.

2.6 Software für Sequenz- und Strukturanalyse

Für Sequenzhomologiesuchen wurde BLAST eingesetzt, für die Suche nach Aminosäuremotiven InterPro Scan, ScanProsite, MotifScan und myHits. Sequenzvergleiche wurden mit CLUSTALW oder T-Coffee durchgeführt. Alle Programme finden sich auf dem ExPASY Proteomics Server [110].

Zur Analyse, Bearbeitung und Visualisierung der Strukturdaten diente das Programm PyMOL [129].

2.7 Optische Spektrometrie

Optische Messungen wurden mit den in Tabelle 20 gelisteten Geräten und der dazugehörigen Software durchgeführt.

Zur Kompensation von Lösungsmittelsignalen wurden bei der UV/VIS-Spektrometrie Referenzproben mit dem verwandten Lösungsmittel im Vergleichsstrahlengang vermessen. Bei CD- und Fluoreszenzspektrometrie wurden Vergleichsspektren separat aufgenommen und vom Ergebnisspektrum subtrahiert.

Für alle optischen Messungen wurden Quarzglasküvetten mit einer Schichtdicke von 0,1-10 mm der Firma Hellma GmbH & Co. KG eingesetzt.

Proben für CD wurden mit Wasser verdünnt, bis die UV-Absorption für den gewünschten Wellenlängenbereich unter 3 lag.

Gerät	Software
	CD Spektrometrie
J-815 CD Spectrometer, JASCO Corporation	Spectra Manager, Version 1.54.01 (Build 1), JASCO Corporation CDNN: CD Specta Deconvolution, Version 2.1, Gerald Böhm, 1997 [130]
	UV/VIS Spektrometrie
Specord 200, Analytik Jena AG	WinASPECT, Version 1.7.2.0, Analytik Jena AG
	Fluoreszenz-Spektrometrie
FP-6200 Spectrofluorometer, JASCO Corporation	Spectra Manager, Version 1.53.00 (Build 1), JASCO Corporation

Tabelle 20: Geräte und Software für optische Spektrometrie

2.8 ESI-MS und MS/MS

Molekulargewichtsbestimmungen mit ESI-MS und MS/MS-Fragmentierungen wurden von ANDREA PERNER an entsalzten Proben vorgenommen.

Geräte
LCQ Ionenfalle, Thermo Electron, Dreieich
TSQ Quantum Ultra AC, Thermo Electron, Dreieich

2.9 Herstellung von *para*-Hydroxylaminobenzoat (PHABA)

Da PHABA kommerziell nicht erhältlich ist, wurde es nach einer Vorschrift von BAUER und ROSENTHAL [131, S. 613] synthetisiert.

Darstellung:
17 g PNBA wurden in 350 ml H$_2$O und 10 ml 10 M NaOH unter Rühren gelöst. Nach Zugabe von 20 g NH$_4$Cl wurde die Lösung im Eisbad auf 15 °C gekühlt. Danach wurde portionsweise 15 g Zinkpulver eingetragen, wobei die Temperatur innerhalb von 5 min auf 31 °C anstieg. Nach weiteren 30 min Rühren wurde das Zink über einen MN 640W Faltenfilter abfiltriert. Anschließend wurde das Filtrat im Eisbad auf 9 °C abgekühlt und 24 %ige HCl zugegeben, bis ein pH von 5-6 erreicht war. Die gebildeten großen gelblichen Flocken wurden über einen Faltenfilter abfiltriert und verworfen (Fraktion I). Weitere Zugabe von 24 %iger HCl resultierte in kleineren gelblichen Flocken (Fraktion II). Diese wurden abfiltriert, unter Lichtschutz auf einer Petrischale getrocknet und dann abgekratzt. Die Ausbeute betrug 6,6 g / 42 % und war damit vergleichbar mit der Literaturangabe (4,8 g / 31 %).

Analyse:
Das erwartete Molekulargewicht von 153 Da wurde über MS (Negativmodus) bestätigt. Die chromatographische Untersuchung (Methode siehe Abschnitt 2.4.4, S. 55) ergab eine Reinheit von $\geq$ 90 %.

Stabilität:
PHABA zeigte sich stabil in Methanol (>1 d), jedoch instabil in wässrigen Lösungen. Oxidation an Luft wurde auch nach über einem Jahr Lagerung der Trockensubstanz unter Lichtschutz nicht festgestellt.

3 Ergebnisse

3.1 Klonierung, Expression und Aufarbeitung von AurF

3.1.1 Klonierung

Zur heterologen Überexpression von AurF wurden zwei verschiedene Expressionswirte ausgewählt. S. lividans ist dem Spenderorganismus von AurF, S. thioluteus, biologisch sehr ähnlich und erlaubt daher wirklichkeitsnahe Aktivitätsstudien. Expressionsprobleme sind nicht zu erwarten, zur vereinfachten Aufreinigung wurde aber auch eine Enzymvariante mit einem N-terminalen 6×His-Tag hergestellt. E. coli hingegen ist der Standardorganismus zur Herstellung größerer Proteinmengen. Zur Unterstützung von Expression und Aufreinigung wurden Expressionsplasmide für AurF mit N-terminalem 6×His-Tag und mit N-

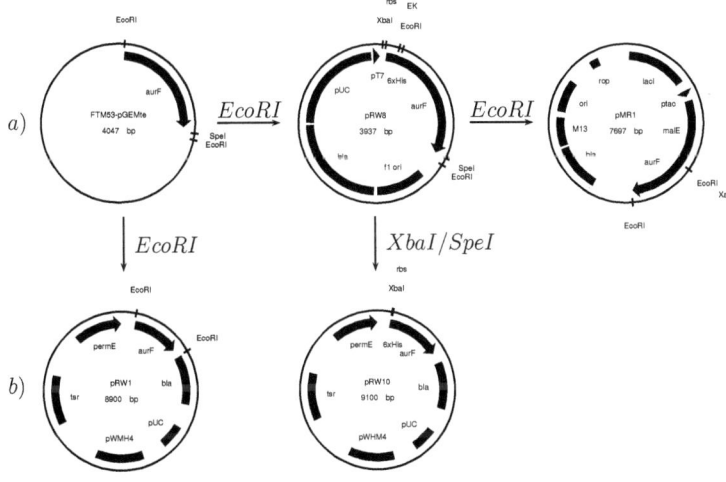

Abbildung 13: Klonierungsstrategie für Expressionsplasmide: a) für E. coli. b) für S. lividans

terminalem Maltose-Binding-Protein Fusionspartner (MalE) konstruiert.[9] Die Klonierungsstrategie für die entsprechenden Expressionsplasmide ist in Abbildung 13 dargestellt.

Die Gewinnung eines fehlerfreien PCR-Amplifikates für die Expression war problematisch, da die extrem G/C-reiche Template-DNA (G/C-Gehalt von 71 %) die Zugabe von G/C-destabilisierenden Lösungsmitteladditiven voraussetzte. Dies führte zu signifikant erhöhten Fehlerraten im Vergleich zu normalen PCR-Bedingungen [91, 132–138]. Daher wurden unterschiedliche Ansätze und Polymerasen versucht (siehe Anhang, Tab. 23, S. 177).

Aus einem Klonierungsvektor mit der fehlerfreien *aurF*-Sequenz (Plasmid FTM53-pGEMte) wurden die Expressionsplasmide für *S. lividans* und *E. coli* hergestellt.

In vivo-Aktivitätstests zeigten, dass in *S. lividans* sowohl natives (pRW1) als auch 6×His-getaggtes AurF (Plasmid pRW10) aktiv sind.

Versuche, 6×His-getaggtes AurF (Plasmid pRW8) in *E. coli* BL21(DE3) oder anderen *E. coli* Stämmen (siehe Abschnitt 2.2.15, S. 43) herzustellen, scheiterten.

Das MalE-AurF-Fusionsprotein konnte jedoch im Standardexpressionswirt BL21(DE3) sowohl in Komplex- als auch in Minimalmedien erfolgreich überexprimiert werden und zeigte im *in vivo*-Assay N-Oxygenase-Aktivität.

3.1.2 Hochzelldichtefermentation

E. coli-Hochzelldichtefermentationen sollten die Versorgung mit genügend MalE-AurF-Rohmaterial für Aufreinigungs- und Analytikversuche bei gleichbleibender Ausgangsqualität sicherstellen.

Die Fermentationen waren unabhängig von der Fermentergröße gut reproduzierbar. Abbildung 14 zeigt den Verlauf einer 2 l- Hochzelldich-

---
[9]Herstellung des Plasmides pMR1: [109]

tefermentation mit einer finalen OD$_{600}$ von etwa 100. Aus dieser Fermentation konnten über 300 g Zellpellet geerntet werden, woraus ausreichende Mengen von MalE-AurF und 9 AS-AurF für die Kristallisation, proteinanalytische Arbeiten und *in vitro*-Experimente gewonnen werden konnte (insgesamt etwa 1,5 g gereinigtes Protein).

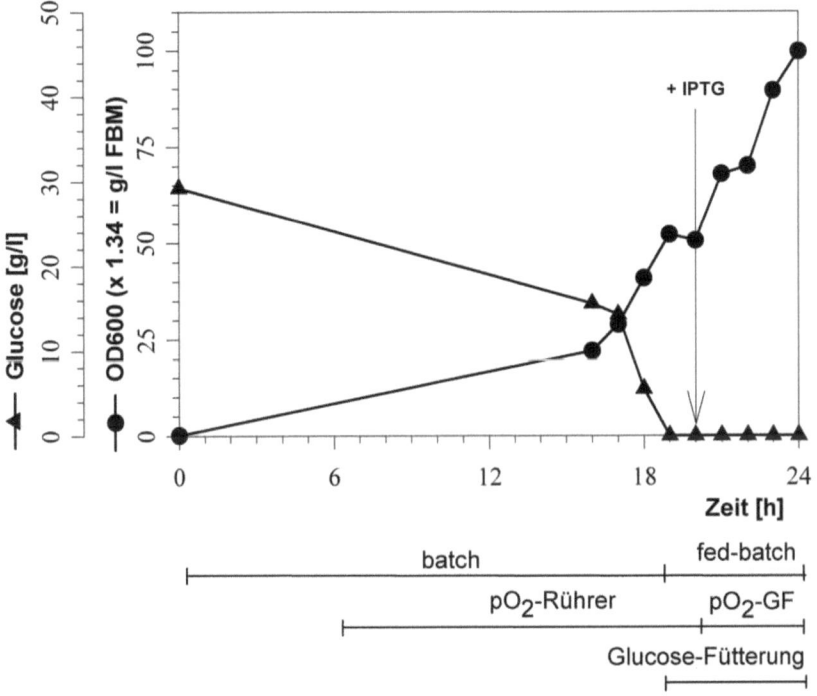

Abbildung 14: Wachstumskurve und Glucosekonzentration der Hochzelldichtefermentation. Online-Messungen dieser Fermentation sind dem Anhang beigefügt.

3.1.3 Aufreinigung von AurF

Je nach erforderlicher Reinheit für einen bestimmten Verwendungszweck wurden verschiedene Reinigungssequenzen angewandt (siehe Abb. 12, S. 48). Es wird daher im folgenden repräsentativ die Herstellung von 9 AS-AurF für die Kristallisation dargestellt, da hierbei die höchsten Reinheitskritierien angelegt wurden.

Primärreinigung

Durch 5-7 fachen Hochdruckaufschluss bei 1000 bis 1500 bar konnte ein vollständiger[10] Zellaufschluss erzielt und die Nukleinsäuren soweit geschert werden, dass in nachfolgenden Schritten keine störenden Viskositätseffekte auftraten.

Beim Scale-Up von 450 ml auf 2 l Hochzelldichtefermentation ergaben sich Probleme bei der Filtration. Es stellte sich heraus, dass das Antischaummittel Ucolub ein starkes Membranfouling verursachte, wodurch sich die Proteintransmission und damit die Ausbeute im Filtrat drastisch reduzierte (Verluste von etwa 90 %). Durch den Einsatz von Einweg-„Bottle Top"-Filtern ließ sich dieses Problem beheben und alle nachfolgenden Primärreinigungen konnten nach der unter 2.3.4, S. 47, beschriebenen Methodik erfolgreich durchgeführt werden.

---

[10] siehe SDS-PAGE-Gel, S. 79, Banden 1 und 2

Affinitätschromatographie (Amylose-AFF)

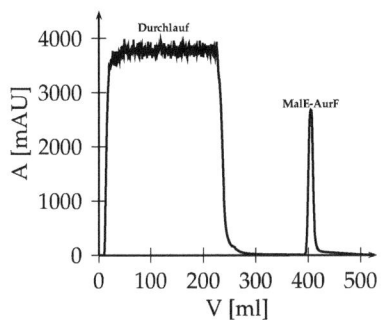

Abbildung 15: Affinitätschromatographie von MalE-AurF-Fusionsprotein

Bei der Affinitätschromatographie (siehe Abb. 15) wurde hauptsächlich das Fusionsprotein gebunden; lediglich eine geringe Menge an *E. coli*-Maltosebindeprotein sowie evtl. Abbauprodukte banden ebenfalls an die Säule (siehe SDS-PAGE-Gel, S. 79, Bande 4).

Die Elution mit einem ansteigenden Maltosegradienten resultierte in einem Peak mit einer maximalen Proteinkonzentration von etwa 10 mg/ml Fusionsprotein.

Das Auftragen des 1,2 µm-Filtrats aus etwa 20 g Pellet (s.o.) ermöglichte eine vollständige Beladung der Säule, wobei die dynamische Säulenkapazität der 17 ml-Säule etwa 100 mg MalE-AurF Fusionsprotein betrug (5-6 mg/ml Säulenmaterial).

Gleichbleibende Ausbeute für die erste Chromatographiestufe erleichterte die Auslegung und Optimierung der nachfolgenden Reinigungsstufen.

Vorversuche hatten gezeigt, dass das Fusionsprotein unter den gewählten Elutionsbedingungen stabil ist. Um die Uniformität der Probe und die Reinheit des Fusionsproteins zu erhöhen, wurde ein Anionenaustauschchromatographie-Schritt angeschlossen.

Anionenaustauschchromatographie (AAC 1)

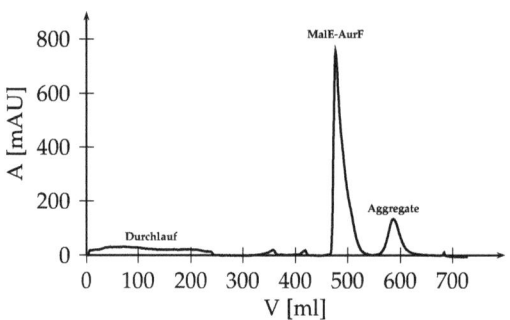

Abbildung 16: Anionenaustauschchromatographie von MalE-AurF--Fusionsprotein

Durch nachfolgende AAC (siehe Abb. 16) wurden bei der Amylose-AFF spezifisch und unspezifisch gebundene Verunreinigungen abgetrennt.

Außerdem konnten unerwünschte Aggregate des Fusionsproteins basisliniengetrennt entfernt werden (siehe SDS-PAGE-Gel, S. 79, Bande 5).

Insgesamt wurde anhand der Peakflächen durchschnittlich eine Ausbeute von etwa 60 % bezüglich der Amylose-AFF-Aufreinigung errechnet.

Faktor Xa-Spaltung des Fusionsproteins

Die Spaltung verlief bei Salzkonzentrationen von 250-400 mM NaCl mit deutlich erhöhter Spezifität (siehe SDS-PAGE-Gel, S. 79, Banden 7-9).

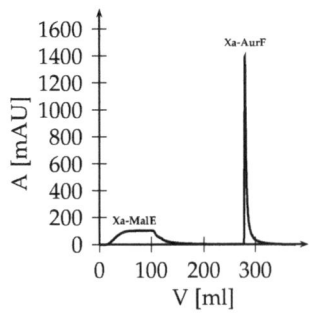

Abbildung 17: AAC von MalE-AurF Faktor Xa-Verdau

Ebenso konnte festgestellt werden, dass bis zu 10 mM β-Mercaptoethanol kein messbarer Aktivitätsverlust auftritt und sogar bei 100 mM β-Mercaptoethanol noch deutliche Faktor Xa-Proteaseaktivität vorhanden ist.

Hochreinigung/„Polishing" (AAC 2/BENZ-AFF und Amylose-Adsorption)

Nach der Faktor Xa-Spaltung wurde eine AAC-Säule mit erhöhter Salzkonzentration im Bindepuffer eingesetzt. Es hatte sich gezeigt, dass beim Einstellen der Aufgabelösung auf eine Leitfähigkeit von 20 mS/cm nur das AurF-Fragment des Faktor Xa-Verdaus an der Säulenmatrix gebunden wird. Durch diese Strategie konnte die Kapazität der Säule verdoppelt und das Endprodukt aufkonzentriert werden, bei gleichzeitig unveränderter Auflösung (siehe Abb. 17, S. 77).

Die Benzamidin-Affinitätschromatographie-Säule zur spezifischen Entfernung von Faktor Xa am Säulenausgang hatte keine negativen Auswirkungen auf Auflösung oder Ausbeute (siehe SDS-PAGE-Gel, Bande 11).

Eventuell noch vorhandene Spuren an Fusionsprotein oder MalE-Fragment konnten durch die Zugabe geringer Mengen von Amylose vollständig entfernt werden.

3.1.4 SDS-PAGE-Analyse der Aufreinigung

Die proteinbezogene Reinheit wurde mittels SDS-PAGE nachgewiesen (s. u.).

Überraschend war das Auftreten einer Doppelbande mit scheinbaren Molekulargewichten von 31 und 33 kDa, anstatt einer einzelnen Bande mit theoretisch 39 kDa. MALDI-TOF-Analysen von tryptischen Verdaus der Banden zeigten, dass beide Banden die richtige Aminosäuresequenz besitzen. Ebenso sind beide Varianten C-terminal intakt, was gegen vorzeitige Translationsabbrüche durch andere Codon Usage oder proteolytische Degradation spricht. Die untere Bande trat dabei nur bei frischem Protein auf und schien bevorzugt zu präzipitieren, so dass nach 16stündiger Lagerung bei 4 °C fast nur noch die Isoform mit dem scheinbar höherem Molekulargewicht auf SDS-PAGE-Gelen sichtbar war. Umso erstaunlicher war die hohe Widerstandsfähigkeit der Isoform mit dem scheinbar geringeren Molekulargewicht gegenüber thermischer Denaturierung (3 min bei 95 °C), chemischer Denaturierung (0,1 % SDS, 8 M Harnstoff), Reduktion (100 mM β-Mercaptoethanol) und Metallkomplexierung (50 mM EDTA).

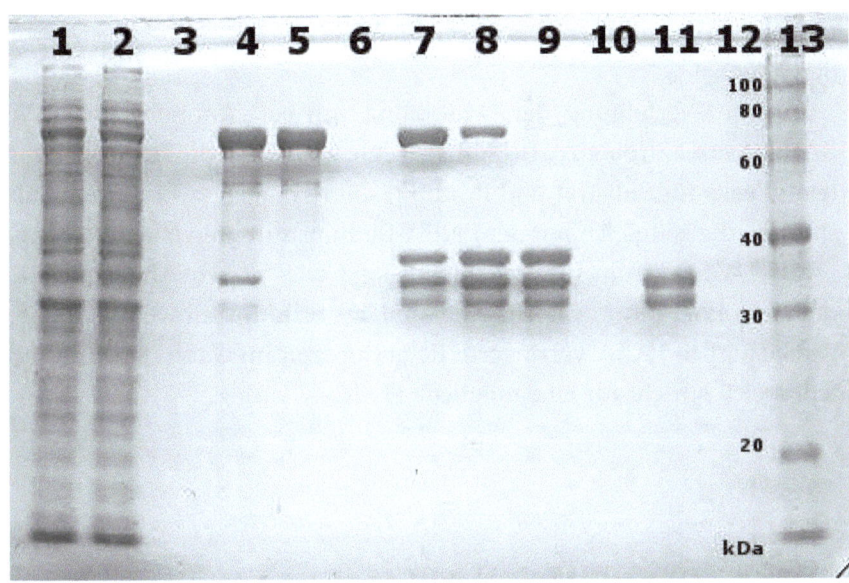

Abbildung 18: SDS-PAGE einer Aufreinigung: 1 Resuspension, 2 Zellaufschluss, 3 leer, 4 Affinitätspool, 5 AAC 1-Pool, 6 leer, 7 Faktor Xa-Verdau Start, 8 Faktor Xa-Verdau 4 h, 9 Faktor Xa-Verdau 20 h, 10 leer, 11 9 AS-AurF (AAC 2), 12 leer, 13 MW-Marker

3.2 Aktivitätsuntersuchungen

3.2.1 *In vivo*-Transformation von PABA zu PNBA

Für *in vivo*-Aktivitätsuntersuchungen für AurF wurden *S. lividans*-Zellen mit der Expression von unmodifiziertem AurF (ZX1/pRW1) gewählt, weil das Enzym ursprünglich aus einem *Streptomyces*-Vertreter stammt und somit die natürliche Funktion der N-Oxygenase vorausgesetzt werden kann.

„At-line"-Verfolgung der Umsetzung von *para*-Aminobenzoat (PABA) zu *para*-Nitrobenzoat (PNBA) zeigte nicht nur die beiden erwarteten Peaks für Substrat und Produkt, sondern auch zwei weitere Substanzen, die zeitgleich mit der PNBA-Bildung auftraten (siehe Abb. 19).

Das UV-Spektrum der ersten Substanz wies starke Ähnlichkeit zu dem von PABA auf, was auf eine ähnliche Struktur hinweisen könnte. Die bezüglich PABA verringerte Retentionszeit im wässrigen Gradientenbereich spricht für eine mögliche Hydroxylierung.

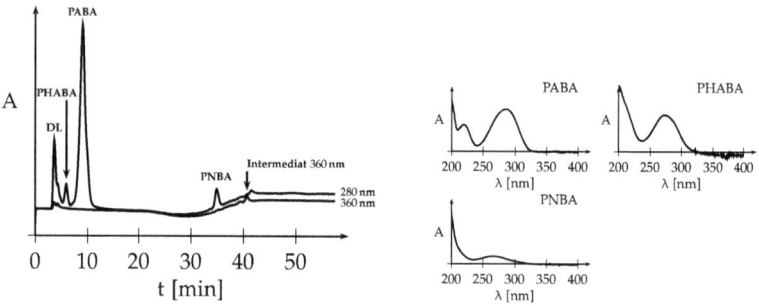

Abbildung 19: *At-line-Assay von AurF und UV/VIS-Spektren: Nachweis des einfach oxygenierten PHABA-Intermediates und eines weiteren Produktes bei 360 nm*

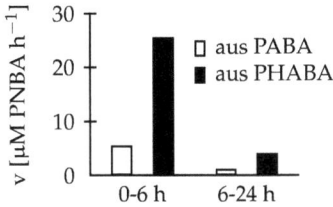

Abbildung 20: PNBA Bildung aus PABA und PHABA (in vivo)

Um die Identität des Peaks zu beweisen, wurde also das vermutete Intermediat - *para*-Hydroxylaminobenzoat (PHABA) - als Referenzsubstanz hergestellt (siehe Abschnitt 2.9, S. 69). Durch den Vergleich der Chromatogramme und UV-Spektren konnte die Identität von PHABA bestätigt werden.

Als im AurF-Assay PHABA anstatt PABA als Substrat angeboten wurde, ergab sich eine 5fach höhere PNBA-Bildungsrate (siehe Abb. 20), während in der Negativkontrolle (*S. lividans* ZX1 mit Leervektor pWHM4*) das Hydroxylamin zu PABA reduziert und verstoffwechselt wurde. Dies ist ein weiteres deutliches Indiz für PHABA als Reaktionsintermediat.

Auch eine Bilanzierung von PABA, PHABA und PNBA zeigte, dass die Summe der drei Konzentrationen mehrere Tage lang konstant blieb (siehe Abb. 21). Während dieser Zeit reicherte sich PHABA an, was typisch ist für die Anfangsphase einer mehrstufigen enzymatischen Reaktion ([139, S. 26 f], siehe auch Abschnitt 3.2.2).

Anschließend fielen die PABA- und PHABA-Konzentrationen ab, während weiterhin PNBA gebildet wurde. Eine Erklärung für dieses Verhalten wird in der Diskussion gegeben (siehe 4.3, S. 116).

Ein zunächst unidentifizierter Peak war nur bei einer Wellenlänge von 360 nm detektierbar. Dieser Peak entstand auch bei der Zugabe von PHABA zu PBS.

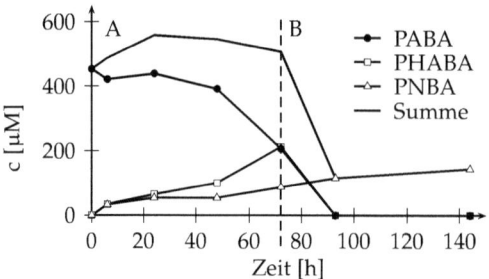

Abbildung 21: In vivo-Stöchiometrie und Kinetik der Enzymreaktion

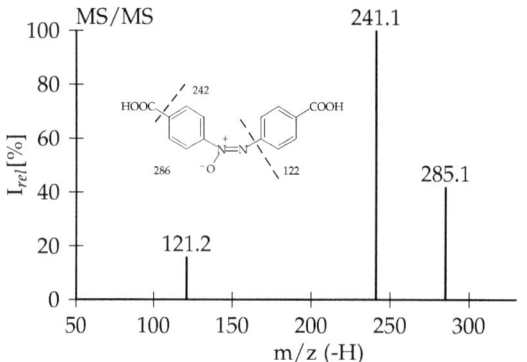

Abbildung 22: Identifizierung des PHABA-Azoxydimers (Intermediat 360 nm) durch MS/MS

Da diese Substanz im methanolischen Gradientenbereich eluierte, konnte eine Fraktion direkt mittels MS untersucht werden. Die festgestellte Masse (m/z-[H]) von 285 Da ließ zunächst auf ein Dimer schließen. Eine MS/MS-Fragmentierung dieser Masse erlaubte die Strukturaufklärung von Azoxybenzol-4,4'-dicarbonsäure (siehe Abb. 22).

In vivo-**Aktivität in *E. coli***

Das MalE-AurF-Fusionsprotein in *E. coli* ist zwar auch funktionell, allerdings zeigte ein Fütterungsexperiment mit PNBA, dass vom Stamm selbst PNBA via PHABA zu PABA reduziert wird. Mechanistische *in vivo*-Studien mit *E. coli* sind daher nicht möglich.

3.2.2 *In vitro*-Enzymkinetik

S. lividans-Desintegrate verloren die enzymatische N-Oxygenase-Aktivität, wie auch schon früher für *S. thioluteus* berichtet wurde [41].

Da natürliche Regenerationsmechanismen meist sehr komplex in ihren Anforderungen sind, wurde untersucht, ob sich der katalytische Zyklus von AurF auch über einen Peroxide-Shunt betreiben lässt (siehe Abschnitt 1.3.3, S. 22).

In der Tat ließ sich affinitätsgereinigtes MalE-AurF-Fusionsprotein mit H_2O_2 aktivierten und PABA damit zu PNBA umsetzen:

$$PABA + H_2O_2 \xrightarrow{MalE\text{-}AurF} PNBA + H_2O \qquad (10)$$

Der gleiche Ansatz mit thermisch denaturiertem Fusionsprotein zeigte keine Produktbildung, weshalb eine unspezifische Reaktion ausgeschlossen werden kann.

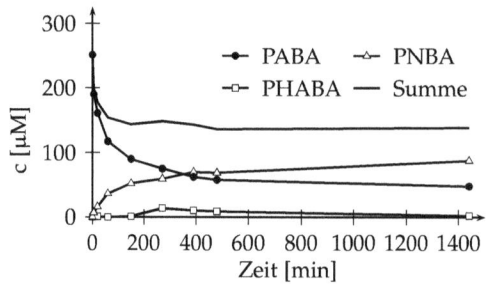

Abbildung 23: In vitro-Stöchiometrie und Kinetik der Enzymreaktion: 2 g/l MalE-AurF, 1,2 % v/v H_2O_2, 365 µM PABA, 23 °C

Für das Fusionsprotein konnte mit H_2O_2 als Kosubstrat ein *in vitro*-Reaktionsverlauf aufgenommen werden, der typisch für eine sequentielle enzymatische Umsetzung ist (siehe Abb. 23). Der Punkt, an dem das Intermediat (PHABA) seine maximale Konzentration erreicht (bei 240 min), entspricht den „Steady State"[11]-Bedingungen [139, S. 26 f].

Die initiale und damit maximale Reaktionsgeschwindigkeit konnte mit v_{max}=1,34 µM/min ermittelt werden.

Allgemein lässt sich die katalysierte Reaktion mit dem Substrat S formulieren als:

$$H_2O_2 + S \rightleftharpoons H_2O + SO \qquad (11)$$

Beim Substrat kann es sich dabei entweder entweder um das Ausgangssubstrat oder ein Intermediat handeln. Da eine konkrete analytische Lösung bei einer komplexen Multisubstrat-Enzymkinetik oft nicht möglich ist, wurden die scheinbaren Enzymparameter nach CHMIEL bestimmt [140]. Als Messgröße für die Aktivität wurde dabei die in einer bestimmten Zeiteinheit produzierte Menge an PNBA gewählt.

Jeweils eine Substratkonzentration wurde variiert und die anderen Parameter konstant gehalten. Für die jeweils anderen Substrate ist die-

---

[11] deutsch: Fließgleichgewicht

se Bedingung annähernd erfüllt, wenn ein großer Überschuss der nicht untersuchten Substrate vorliegt. Folglich kann näherungsweise eine Kinetik nach Henri/Michaelis-Menten vorausgesetzt und die kinetischen Parameter nach Lineweaver-Burk bestimmt werden.

Für PABA konnte mit dieser Methode ein K'^{PABA}_m von 98,5 µM und eine v'_{max} von 1,36 µM/min bestimmt werden. Dieser Wert für die maximale Reaktionsgeschwindigkeit korrespondiert sehr gut mit der Auswertung der Initialgeschwindigkeit (1,34 µM/min, s. o.). Teilweise deutliche Unterschiede zwischen den gemessenen Daten und der interpolierten Kurve (siehe Abb. 24, S. 86, oben rechts) bestätigen eine komplexe Kinetik.

Für die maximale Reaktionsgeschwindigkeit gilt:

$$v'_{max} = k'_{cat} \cdot [\text{MalE-AurF}_{total}] \qquad (12)$$

Damit ließ sich bei einer bekannten Enzymkonzentration von 25 µM ein k'_{cat} von 0,054 min^{-1} errechnen.

Die Bestimmung der kinetischen Parameter für 30 % H_2O_2 ergab eine $K'^{H_2O_2}_m$ von 17.5 µl/ml ($\hat{=}$ 0.17 M H_2O_2) und eine v'_{max} von 0,60 µM/min.

Die gute Übereinstimmung zwischen den Messwerten und berechneter Kurve (siehe Abb. 24, S. 86, unten rechts) zeigt einen direkten Zusammenhang zwischen H_2O_2-Konzentration und Reaktionsrate. Dies ist ein deutlicher Hinweis auf einen katalytischen Mechanismus mit Peroxide-Shunt.

Bei der hier eingesetzten, sehr hohen, PABA-Konzentration von 30× K'^{PABA}_m trat anscheinend Substratinhibierung auf. Eine kompetitive Hemmung bei einem Überschuss an Substrat ist nicht überraschend, da die Bindung der postulierten Intermediate erschwert wird.

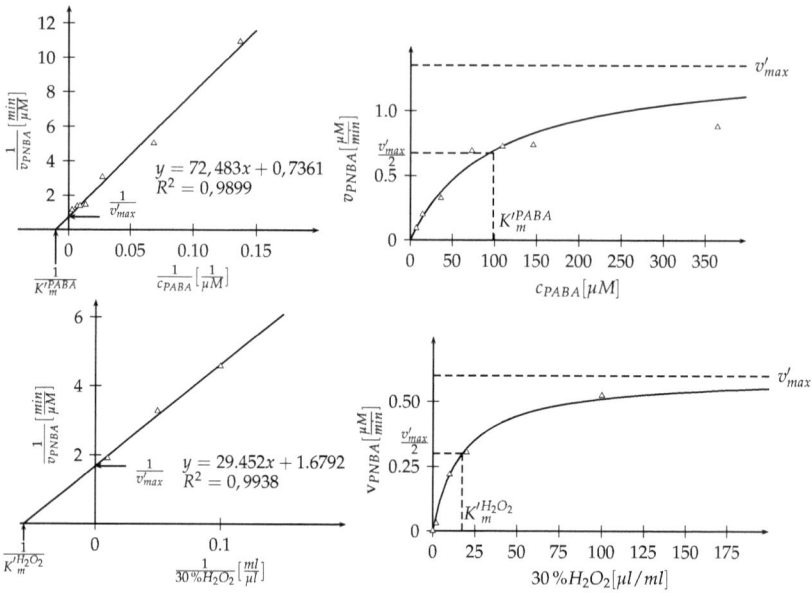

Abbildung 24: *Bestimmung der kinetischen Parameter von MalE-AurF für PABA (oben) und H_2O_2 (unten) nach* LINEWEAVER-BURK: *2 g/l MalE-AurF, 23 °C; für PABA variabel: 1,2 % v/v H_2O_2, für H_2O_2 variabel: 2920 µM PABA*

3.2.3 Substratspezifität

Die *in vivo* Substratspezifität von AurF wurde in im Rahmen einer Diplomarbeit von MARTIN RICHTER untersucht (vollständige Methoden und Ergebnisse: [109]). Im folgenden Abschnitt sind die Resultate zusammengefasst. Eine vollständige Liste aller getesteten Substrate findet sich im Anhang, Tabelle 25, S. 181.

Abbildung 25, S. 87, zeigt eine repräsentative Auswahl von Substraten, die einem *in vivo*-Assay unterworfen wurden.

Regioselektivität

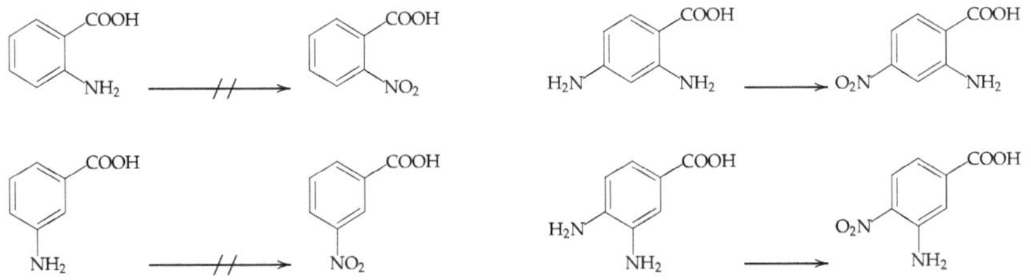

Änderungen an COOH

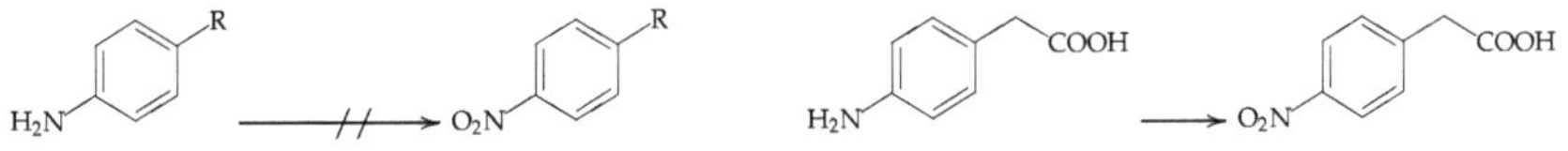

R =
CH₃
NO₂
OCH₃
COCH₃
CH₂CH(NH₂)COOH

Ring-Substituenten

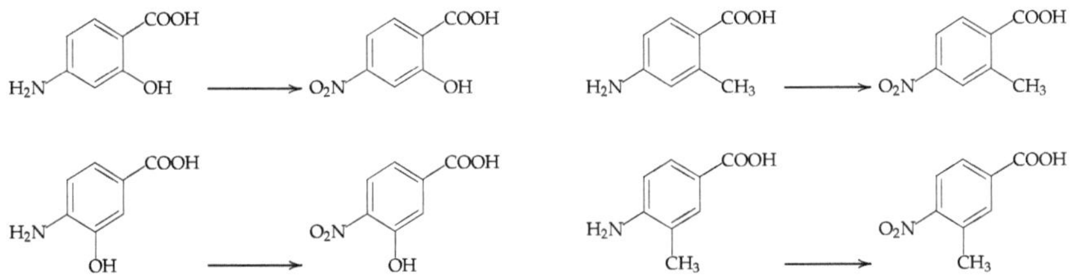

Kombiniert

Abbildung 25: *Substratspezifität von AurF*

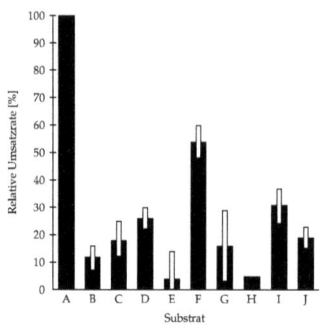

A PABA (Referenz)
B 2,4-Diaminobenzoat
C 3,4-Diaminobenzoat
D 4-Aminophenylessigsäure
E 4-Aminobenzensulfonat
F 4-Amino-2-hydroxybenzoat
G 4-Amino-2-methylbenzoat
H 4-Amino-3-hydroxybenzoat
I 4-Amino-3-methylbenzoat
J 2,4-Diaminobenzensulfonat

Abbildung 26: Mittlere Umsatzraten unterschiedlicher Substrate

Der saure Rest des Substrates scheint für die Akzeptanz essentiell zu sein, wobei der Austausch gegen andere Substituenten mit saurer Funktion möglich war. Auch Amino-, Methyl- oder Hydroxygruppen als zusätzliche Ringsubstituenten an *ortho*- oder *meta*-Position wurden toleriert.

Das wohl bemerkenswerteste Resultat war die strikte Chemo- und Regioselektivität für eine Aminogruppe in *para*-Stellung bezüglich der Carboxylgruppe. Sogar im Fall von Diaminoverbindungen wurde nur die *para*-Aminogruppe oxygeniert. Es war sogar möglich, solche Modifikationen zu kombinieren, wie die Umsetzung von 2,4-Diaminosulfonsäure zur entsprechenden Nitroverbindung beweist.

Ein Modell für die Substratbindung und -selektivität wird in der Diskussion (siehe 4.7, S. 131) vorgestellt.

Ein Vergleich der Substratumsatzraten ließ keine Tendenz für den Einfluss bestimmter Modifikationen erkennen (siehe Abb. 26).

3.2.4 Kontinuierliche regioselektive *N*-Oxygenierung

In einem Pilotexperiment wurde 1 mg PABA mit 0,4 ml 30 % H_2O_2 in 10 ml 20 mM Tris, 0,5 M NaCl, pH-Wert 7,5, bei niedriger Flussrate und

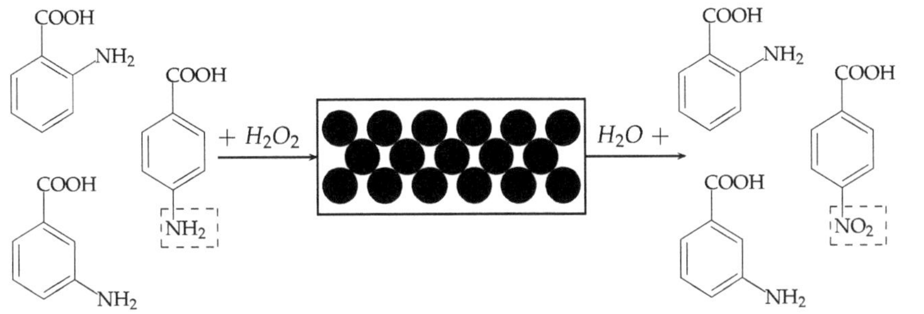

Abbildung 27: Kontinuierliche chemo- und regioselektive N-Oxygenierung mit immobilisiertem MalE-AurF

30 °C über eine Amylosesäule (XK16) mit etwa 100 mg immobilisiertem MalE-AurF geleitet. Dabei wurden bei einmaligem Durchgang bereits 27 % des PABA in PNBA umgesetzt.

Darauf wurde in einem weiteren Versuch eine Mischung aus 1 mg *ortho*-, 5 mg *meta*- und 1 mg *para*-Aminobenzoat mit 0,4 ml 30 % H_2O_2 in 10 ml 20 mM Tris, 0,5 M NaCl, pH-Wert 7,5, über Nacht bei Raumtemperatur und mittlerer Flussrate[12] rezirkuliert (etwa 140 Umläufe).

Bei Abbruch des Versuches war PABA zu 47 % in PNBA transformiert, die beiden anderen Substrate blieben unverändert. Ein Vergleich von Chromatogrammen vor und nach der kontinuierlichen Oxygenierung befindet sich im Anhang (Abb. 52, S. 179).

3.3 Allgemeine Proteinanalytik

3.3.1 MALDI-TOF und MALDI-TOF/TOF

Zum Nachweis der korrekten Aminosäuresequenz des exprimierten und aufgereinigten gespaltenen 9 AS-AurF-Proteins wurde für beide putativen AurF-Banden des SDS-PAGE-Gels (siehe S. 79) ein „trypti-

---

[12] zur Vermeidung von Gasblasen

scher Mass Fingerprint" mittels MALDI-TOF-MS durchgeführt (MS-Spektrum mit monoisotopischer Auflösung: siehe Abb. 54, S. 182). Dabei bestätigte sich, dass es sich bei beiden Banden um vollständiges AurF-Protein handelt.

Die richtige AS-Sequenz konnte durch diese Analyse mit einer Sequenzabdeckung von 92,2 % und einer Intensitätsabdeckung von 45,6 % abgesichert werden (siehe Abb. 28).

	10	20	30	40	50	60	70
	ISEFDSGETM	REEQPHLATT	WAARGWVEEE	GIGSATLGRL	VRAUPRRAAV	VNKADILDEW	ADYDTLVPDY
	80	90	100	110	120	130	140
	PLEIVPFAEH	PLFLAAEPHQ	RQRVLTGMWI	GYNERVIATE	QLIAEPAFDL	VMHGVFPGSD	DPLIRKSVQQ
	150	160	170	180	190	200	210
	AIVDESFHTY	MHMLAIDRTR	ELRKISERPP	QPELVTVRRL	RRVLADMPEQ	WERDIAVLVW	GAVAETCINA
	220	230	240	250	260	270	280
	LLALLARDAT	IQPMHSLITT	LHLRDETAHG	SIVVEVVREL	YARMNEQQRR	ALVRCLPIAL	EAFAEQDLSA
	290	300	310	320	330	340	350
	LLLELNAAGI	RGAEEIVGDL	RSTAGGTRLV	RDFSGARKMV	EQLGLDDAVD	FDFPERPDWS	PHTPR

Abbildung 28: Tryptischer Fingerprint von 9 AS-AurF: Sequenzabdeckung

Unverdautes 9 AS-AurF zeigte bei der MALDI-TOF-Messung ein Molekulargewicht von 38.822 Da (siehe Abb. 53, S. 182, im Anhang).

3.3.2 Native Größe und isoelektrischer Punkt

Anhand der Aminosäuresequenz konnten die theoretische Molmasse und der isoelektrische Punkt (pI) von AurF theoretisch mit 39,049 kDa, bzw. 5,02 berechnet werden (ProtParam, [110]).

Analytische Gelfiltration (GF) erlaubt eine Molekulargewichtsbestimmung unter nativen Bedingungen, während Analysenmethoden wie SDS-PAGE und MALDI-TOF-MS (s. o.) unter stark denaturierenden Bedingungen durchgeführt werden.

Zur Bestimmung des pH von 9 AS-AurF wurde eine isoelektrische Fokussierung (IEF) angewandt.

Das native Molekulargewicht von 9 AS-AurF entspricht mit 75,2 kDa einem Dimer. Im Chromatogramm ist kein Monomer sichtbar, was auf

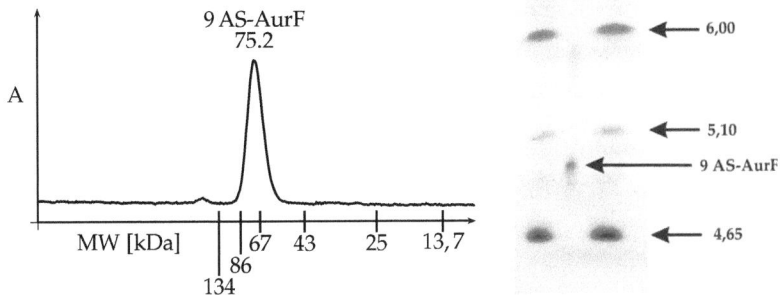

a) Molekulargewichtsbestimmung mittels GF b) IEF gel

Abbildung 29: *Native Größe und isoelektrischer Punkt von 9 AS-AurF*

eine vollständige Dimerisierung schließen lässt. Größere Aggregate sind, wenn, nur in Spuren vorhanden und daher vernachlässigbar.

Der experimentell ermittelte pI-Wert beträgt 5,0.

3.4 Untersuchungen zur Kofaktorbestimmung

3.4.1 UV/VIS- und Fluoreszenzmessungen

UV/VIS- und Fluoreszenzmessungen eignen sich besonders zur Detektion organischer Kofaktoren an Proteinen [141, 142]. Daher wurde frisches, durch Affinitätschromatographie gereinigtes MalE-AurF-Fusionsprotein spektroskopisch untersucht.

Fluoreszenzmessung

Fluoreszenzspektroskopie erlaubt einen besonders empfindlichen Nachweis von Flavinen mit einer Anregungswellenlänge von 450 nm und einer Emmissionswellenlänge von 520 nm .

Tryptophan - im MalE-AurF-Fusionsprotein 16mal vorhanden - diente dabei als interner Vergleich (Anregung: 280 nm, Emmission: 350 nm) [143–145].

Das Fluoreszenz-Synchronspektrum (Δ 70 nm) von MalE-AurF (Abb. 30) ergab eine starke Emmission mit einem Maximum bei 374 nm, sowie eine schwache Emmission mit einem Maximum bei 671 nm.

UV/VIS-Messungen

Das UV/VIS-Spektrum zeigte eine auffällige Absorptions-Schulter bei etwa 420 nm. Diese erhöhte sich bei der Zugabe von H_2O_2 (siehe Abb. 31 a), S. 94). Sonst sind keine weitere Veränderungen am Spektrum feststellbar.

Bei höheren H_2O_2-Konzentrationen ließen sich Gasblasen beobachten, die im UV/VIS-Spektrum zu unregelmäßig auftretenden Spitzen führten. Dieses Phänomen wird in der Diskussion (siehe Abschnitt 4.9, S. 135) kommentiert.

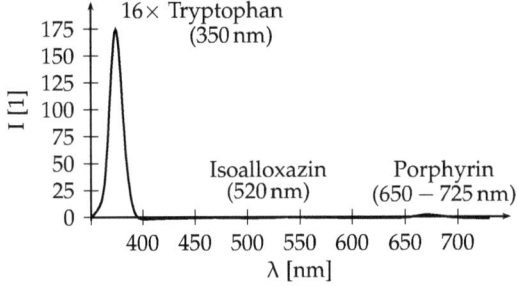

a) Fluoreszenzspektrum (synchron Δ 70 nm)

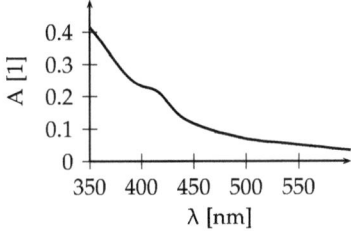

b) Natives UV/VIS-Spektrum

Abbildung 30: *Fluoreszenz- und UV/VIS-Spektrum von MalE-AurF*

Ein Differenzspektrum (oxidiert-nativ) führte zu Maxima bei 390, 420 und 485 nm sowie Minima bei 375, 410 und 470 nm (siehe Abb. 31 b)).

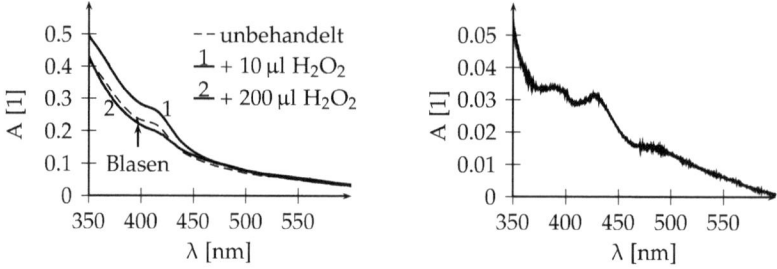

a) Änderung des UV/VIS-Spektrums b) Differenzspektrum (ox-nativ)

Abbildung 31: H_2O_2-Behandlung von MalE-AurF

3.4.2 Elementanalyse

Neben organischen Kofaktoren könnten auch Metalle für die Enzymfunktion essentiell sein. Daher wurden verschiedene Methoden zur Bestimmung der in AurF vorhandenen Elemente, insbesondere der Metalle, angewandt.

ICP-MS/OES

Durch ICP-MS und ICP-OES[13] können alle in einer Probe vorhandenen Elemente quantitativ bestimmt werden.

Um Salze und unspezifisch gebundene Metalle vom Protein zu entfernen, wurden die Proben gegen Wasser, bzw. EDTA/Ascorbinsäure und Wasser, dialysiert (siehe Abschnitt 2.3.8, S. 52). Am Ende der Dialyse betrug der pH-Wert jeweils 6,3. Das untersuchte 9 AS-AurF sollte bei diesem pH stabil sein. Bei der Dialyse gegen EDTA/Ascorbinsäure war jedoch deutliche Proteinpräzipitation erkennbar. Eine Messung

---

[13]Erklärung der Abkürzungen im folgenden Text

der Proteinkonzentration bestätigte, dass mehr als 70 % des Proteins ausgefallen waren.

Die dialysierten Proben wurden über induktiv gekoppeltes Plasma (ICP) bei extrem hohen Temperaturen (>5000 K) zunächst vollständig atomisiert. Dann konnten die einzelnen Atommassen massenspektrometrisch detektiert und quantifiziert werden (ICP-MS). ICP-MS-Scans zeigten dabei lediglich Eisen und Mangan in höheren Mengen. Andere analytisch signifikante Elemente waren entweder stark substöchiometrisch oder auch in der Negativkontrolle vorhanden (siehe Tab. 21, S. 96).

Element	^{27}Al [µg/l]	^{59}Co [µg/l]	^{63}Cu [µg/l]	^{66}Zn [µg/l]	^{135}Ba [µg/l]	Fe [µg/l]	Mn [µg/l]
Methode	MS	MS	MS	MS	MS	OES	OES
Nachweisgrenze	0,95	0,02	0,05	0,31	0,32	20	20
Ergebnisse							
AurF gg. EDTA	222,6	10,95	5,792	292,7	2,661	194,6	616
Negativ EDTA	203,7	0,034	0,641	481,5	0,365	< 20	< 20
AurF gg. H$_2$O	187,9	15,26	14,5	109	4,814	623,0	609
Negativ H$_2$O	211,8	0,153	0,508	6,95	0,97	< 20	< 20

Tabelle 21: ICP-MS/OES Messungen

Quantifizierung von Eisen und Mangan über ICP-OES (optische Emmissions-Spektroskopie) ergab unterschiedliche Resultate für EDTA- und H$_2$O-dialysierte Proben. Während sich für EDTA-dialysierte Proben 1,99 Manganäquivalente und 0,62 Eisenäquivalente pro AurF-Molekül errechnen lassen, ergeben sich für H$_2$O-dialysierte Proben 0,56 Manganäquivalente und 0,57 Eisenäquivalente.

Kolorimetrie
Weil die für ICP-MS/OES aufwändige Aufreinigungsprozedur und notwendige Entsalzungsschritte wie Dialyse, Gelfiltration oder Ultrafiltration die Probe belasten, wurde auch eine Möglichkeit gesucht, den Eisen- und Mangangehalt von AurF in möglichst nativem Zustand zu bestimmen.

Als extrem robuste Methoden wurden daher auch kolorimetrische Tests nach DIN 38406 E1/E2 zur Messung des Eisen- und Mangangehaltes verwandt. Diese Prüfmethoden sind relativ unempfindlich gegen hohe Salzkonzentrationen und Fremdionen und werden daher auch in der Umweltanalytik eingesetzt. Die Nachweisempfindlichkeit ist ausreichend für Enzymproben, die direkt aus Affinitätsfraktionen entnommen wurden.

Abbildung 32: Fe und Mn, kolorimetrisch nach DIN 38406 E1/E2

Kolorimetrisch lassen sich etwa 1 Manganäquivalent pro AurF-Molekül feststellen, sowie < 0,2 Eisenäquivalente. Berücksichtigt man die Zusammensetzung des Kulturmediums, kann eine 19,6-fach höhere Selektivität von AurF für Mangan gegenüber Eisen berechnet werden.

3.4.3 Elektronenspinresonanz

Durch Elektronenspinresonanz (ESR oder EPR) können paramagnetische Zentren mit ungepaarten Elektronen hochempfindlich bestimmt werden. In Proteinen gibt es zwei Kategorien möglicher paramagnetischer Zentren, nämlich paramagnetische Metallionen und freie Radikale [141, Kapitel 6.3].

Natives MalE-AurF zeigt bei der ESR-Untersuchung bei 4 K ein deutliches Sextett zwischen 3076,54 und 3540,86 G mit einem Zentrum bei 2,05 g. Der Abstand der Maxima beträgt durchschnittlich 93 G. Zusätzlich findet sich ein kleineres Signal bei g=4,3 (siehe Abb. 33 a), S. 98).

Bei Aktivierung von MalE-AurF mit H_2O_2 verschwindet das Sextett, und es wird ein scharfer Peak sichtbar mit einem Maximum bei g=2,01 und einer Basispeakbreite von 60 G (siehe Abb. 33 b), S. 98).

Liegen sowohl H_2O_2 als auch PABA als Substrat vor, ist wieder das ursprüngliche Spektrum mit dem charakteristischen Sextett-Motiv sichtbar (siehe Abb. 33 c), S. 98).

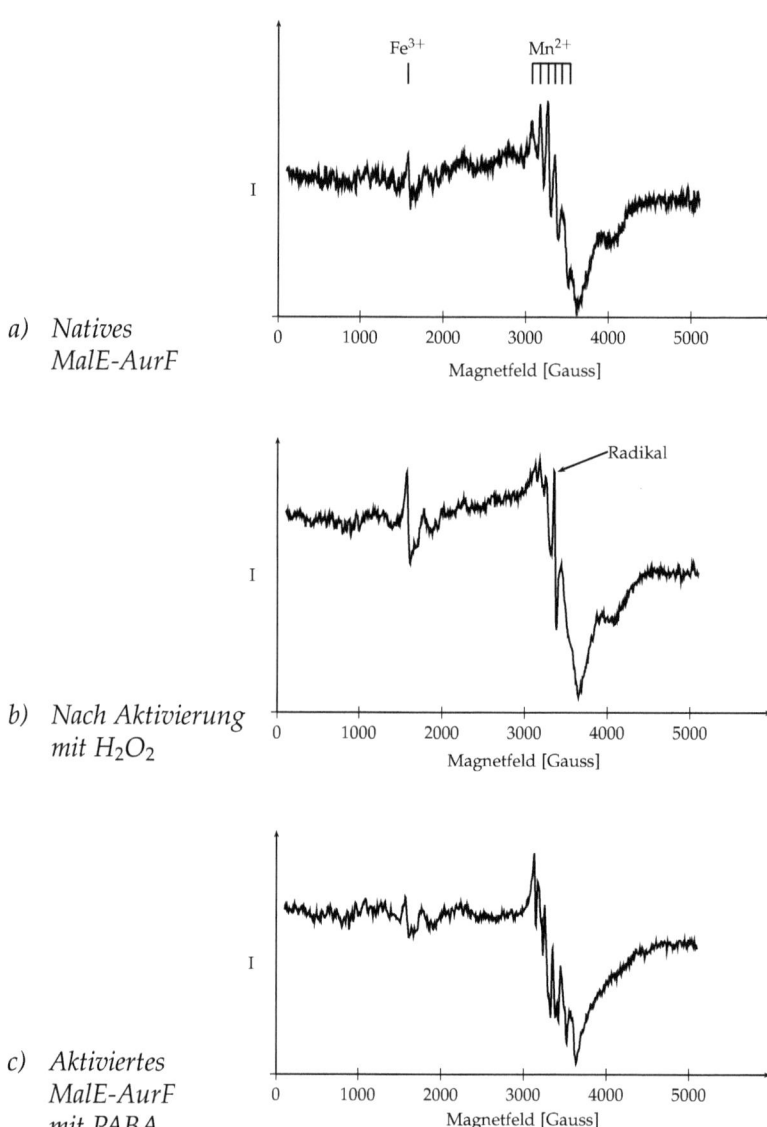

Abbildung 33: ESR-Messungen von MalE-AurF

Ein aus diesen Befunden abgeleiteter Mechanismus findet sich in Abschnitt 4.6, S. 128.

3.4.4 HCDC-Kultivierung mit variierten Fe/Mn-Gehalten

SIMURDIAK, LEE und ZHAO hatten berichtet, dass AurF bei einer Kultivierung unter Mn-Überschuss nur inaktiv von *E. coli* exprimiert wird [146].

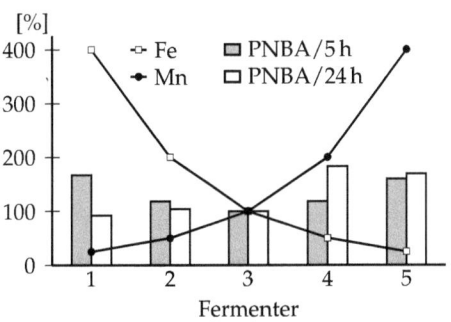

Abbildung 34: *HCDC mit variierten Fe/Mn-Gehalten*

Um den Einfluss von Eisen und Mangan im Medium auf die Enzymaktivität systematisch zu untersuchen, wurden parallel fünf Hochzelldichtefermentationen mit unterschiedlichen Metallgehalten durchgeführt und anschließend die *in vivo*-Aktivität bestimmt.

Nach 5 h Aktivitätstest wurde in allen Kultivierungen AurF-Aktivität festgestellt. Nach 24 h waren die AurF-Aktivitäten von in Mangan-Überschuss kultivierten Zellen sogar deutlich erhöht gegenüber den Vergleichsproben.

3.5 Sekundär- und Röntgenkristallstruktur von AurF

3.5.1 Zirkulardichroismus

Abschätzung der nativen Sekundärstruktur in Lösung

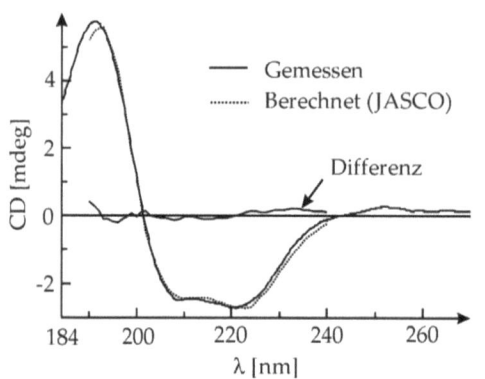

Abbildung 35: Sekundärstrukturbestimmung für 9 AS-AurF mittels CD

Mit geeigneten Algorithmen ist es möglich, die native Sekundärstruktur von Proteinen aus einem CD-Spektrum abzuschätzen. Eine Probe von 9 AS-AurF in Kristallisationsqualität (8,5 mg/ml in 20 mM HEPES/NaOH pH 7,5, 200 mM NaCl) wurde 1:42 mit Wasser verdünnt und in eine 0,1 mm Küvette überführt. Anschließend konnte ein Spektrum von 184-270 nm aufgenommen werden.

Der korrigierte Datensatz wurde dann mit zwei verschiedenen Programmen zur Sekundärstrukturvoraussage ausgewertet: Das Sekundärstrukturprogramm von JASCO modelliert die gemessenen Daten auf Referenzspektren für verschiedene Strukturmotive nach YANG ET AL. [147], während das Programm CDNN von BÖHM ET AL. [130] eine Methode mit neuronalen Netzen verwendet.

Vom JASCO-Programm wurde dabei der Wellenlängenbereich von 190-240 nm berücksichtigt, von CDNN die Daten zwischen 185 und 260 nm.

Wie ein Vergleich der unterschiedlichen Resultate zeigt (siehe Tab. 22, S. 101), dominiert der Anteil an α-Helices mit etwa 40-50 %. Anhand des CD-Spektrums kann 9 AS-AurF also als α-reiches Protein klassifiziert werden [148]. Der Rest besteht zu ungefähr gleichen Teilen aus β-Faltblatt-Strukturen und Random Coils-ähnlicher Struktur.

	JASCO	CDNN einfach	CDNN erweitert	CDNN komplex
α-Helix	48,5 %	46,4 %	41,1 %	42,5 %
β-Faltblatt	26,2 %	8,7 %	11,0 %	15,3 %
antiparallel	-	2,6 %	4,0 %	5,1 %
parallel	-	6,1 %	7,0 %	10,2 %
β-Turn	0,0 %	14,5 %	13,4 %	14,2 %
Random Coil	25,3 %	24,5 %	33,0 %	31,1 %
Summe	100 %	94,2 %	98,5 %	103,0 %

Tabelle 22: Berechnete CD-Sekundärstrukturen

Sekundärstrukturänderung nach Substratzugabe

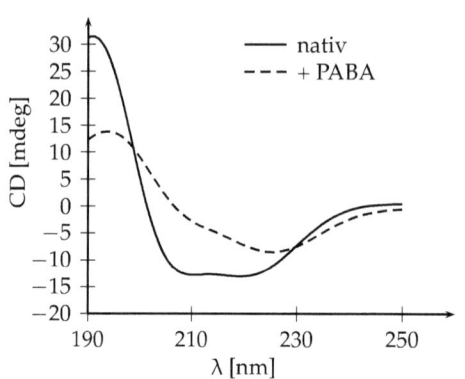

Abbildung 36: *Änderung des CD-Spektrums bei Substratzugabe*

Über CD lassen sich auch Änderungen der Enzymstruktur verfolgen. Da bei der Zugabe von Substraten und/oder H_2O_2 zu 9 AS-AurF Farbänderungen oder sogar ein Verformen der Kristalle beobachtet werden konnten (G. ZOCHER, Uni Freiburg), lag der Schluss nahe, dass während der katalytischen Aktion Konformationsänderungen auftreten.

Daher wurden einer 9 AS-AurF-Lösung PABA und H_2O_2 zugegeben - einzeln, in verschiedenen Konzentrationen, sowie kombiniert in unterschiedlicher Reihenfolge. Dabei zeigte sich keine signifikante Änderung des CD-Spektrums bei der Zugabe von H_2O_2, lediglich eine Zunahme der Absorption des UV/VIS-Spektrums (siehe auch Abschnitt 3.4.1, S. 91). Zugabe geringer Mengen an PABA jedoch resultierte sofort in einem stark veränderten CD-Spektrum (siehe Abb. 36), Hinweis auf eine deutliche Konformationsänderung. Zugabe von H_2O_2 vor oder nach Substratzugabe hatte dabei keinen Effekt auf dieses Phänomen.

Nach dem Ausspülen der Küvette mit Wasser blieb noch genügend Protein an der Glasküvette haften, um ein CD-Spektrum aufzunehmen. Dabei wurde qualitativ wieder das Ausgangsspektrum erhalten.

Temperaturdenaturierung

Die Aufnahme einer Temperaturdenaturierungskurve für 9 AS-AurF (siehe Abb. 55 im Anhang, S. 183) zeigte beginnende Strukturänderungen bei 30 °C, und vollständige Denaturierung bei 70 °C. Die nichtsigmoidale Kurvenform ist eventuell durch die Quartätstruktur des Proteins verursacht.

3.5.2 Kristallisation und Röntgensstrukturanalyse

Die Röntgenstruktur wurde in enger Zusammenarbeit mit GEORG ZOCHER an der Universität Freiburg aufgeklärt. In diesem Abschnitt sind die strukturbezogenen Ergebnisse dargestellt, weitere Informationen sind in den Referenzen [127] und [128] aufgeführt. Die Koordinaten und Strukturfaktoren wurden unter dem Zugangscode 2JCD auf der RCSB Proteindatenbank hinterlegt (http://www.pdb.org, [69]).

Native 9 AS-AurF-Kristalle konnten mit einer Auflösung von 2,1 Å am Synchrotron der Berliner Elektronenspeicherring-Gesellschaft für Synchrotronstrahlung m. b. H. (BESSY) vermessen werden (siehe Abb. 37).

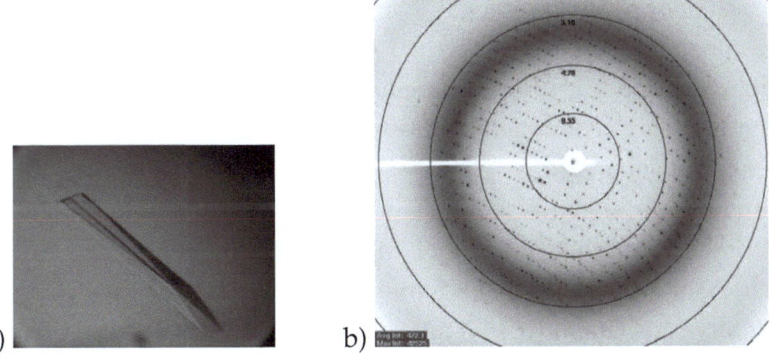

Abbildung 37: *a) Kristall und b) Röntgenbeugungsmuster von 9 AS-AurF, Auflösung 2,1 Å, G. ZOCHER (Uni Freiburg)*

Phasing

Eine elegante Methode zur Lösung des Phasenproblems ist die Vermessung von Proteinkristallen, bei denen Methionin gegen Seleno--Methionin ausgetauscht ist und daher an definierten Stellen anormale Diffraktionen auftreten („SeMet-Methode") [149]. Für den Aminosäurenaustausch wurde die Pathway-Inhibition-Methode nach [150] auf die HCDC von MalE-AurF angewandt (siehe Abschnitt 2.3.7, S. 51). Da Selenomethionin leicht oxidiert wird, musste die gesamte Aufreinigung inkl. Faktor Xa-Verdau unter reduzierenden Bedingungen durchgeführt werden. Insgesamt wurden 30 mg reines, homogenes SeMet-Protein mit der erwarteten Massendifferenz für 9 ausgetauschte Methionine ($\Delta m_{theor.}$: 422 Da, Δm_{MALDI}: 400/416 Da) hergestellt. Die Kristalle von 9 AS-SeMet-AurF streuten jedoch nicht mit einer für die Strukturaufklärung ausreichenden Auflösung.

Als zweite Möglichkeit wurden daher das Tränken nativer Kristallen in Schwermetalllösungen versucht. Mit *cis*-Diaminodichloroplatin getränkte 9 AS-AurF-Kristalle streuten mit 3,8 Å, was eine partielle Strukturaufklärung mittels „Multiwavelength Anomalous Diffraction" (MAD) erlaubte. Dieses Modell konnte dann auf den hochaufgelösten nativen Datensatz angewandt werden.

Das finale Modell (siehe Abb. 38) zeigt ein Dimer mit 315 AS in Untereinheit A und 313 AS in Untereinheit B, sowie 437 Wassermoleküle, sieben Ethylenglycolmoleküle (Frostschutz), vier Metallatome und ein Sauerstoffmolekül.

Zur Bestimmung der Identität der Metallatome wurde ein MAD-Experiment bezüglich Eisen und Mangan durchgeführt (vgl. biochemische Daten aus ICP-MS/OES und Kolorimetrie). Dazu wurden vier Datensätze aus einem Kristall aufgenommen, und zwar jeweils an den Peakwellenlängen und an der Wellenlänge der „low energy remote positions" der K-Kanten von Mangan und Eisen. Aus der doppelt anorma-

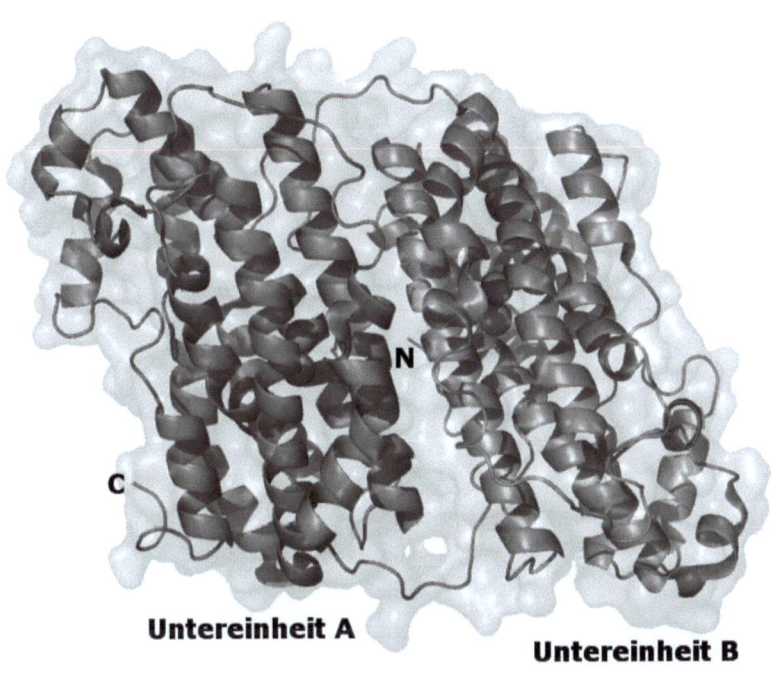

Abbildung 38: *Dimerstruktur von AurF mit binuklearem Manganzentrum*

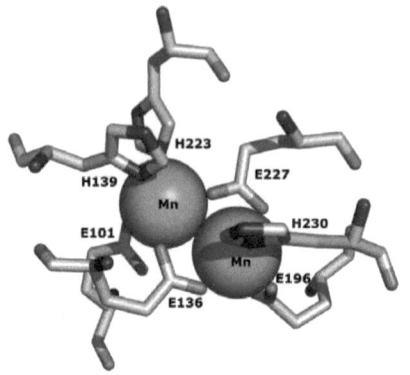

a) Binukleares Mangan mit Liganden

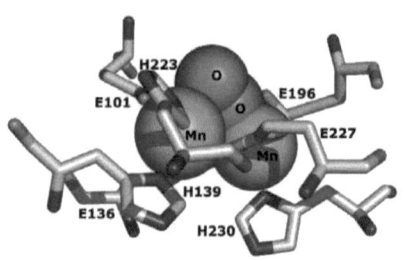

b) 90° um die x-Achse gedreht mit gebundenem molekularen Sauerstoff

Abbildung 39: *Aktives Zentrum von AurF, Untereinheit A*

len Elektronendichtekarte ließen sich zwei binukleare Manganzentren ableiten, wobei auch eine Eisenverunreinigung von etwa 10 % festzustellen war.

Strukturbeschreibung
AurF ist ein C_2-symmetrisches Homodimer mit je elf α-Helices von 208 Aminosäuren pro Untereinheit. Ein kurzes zweisträngiges β-Faltblatt befindet sich an der Grenzfläche zwischen den N-terminalen Aminosäuren 14-16 der einen und den AS 160-162 der anderen Untereinheit. Die Dimergrenzfläche besteht aus den N-Termini sowie den Helices α1, α3 und α4 und beträgt 2336 Å^2, was 15 % der gesamten Oberfläche entspricht. Insgesamt finden sich 24 Wasserstoffbrücken, nur wenige unpolare Wechselwirkungen und keine Salzbrücken. Der Abstand zwischen den binuklearen Manganzentren beträgt 22,3 Å.

Die Dimerstruktur des nativen Enzyms wurde zusätzlich durch Gelfiltration bestätigt (siehe Abschnitt 3.3.2, S. 90).

Aktives Zentrum: Metallkoordinierung und molekularer Sauerstoff
Das aktive Zentrum befindet sich zwischen den vier Helices α3, α4, α6 und α7. Für die Metallkomplexierung sind dabei die Histidinreste H139, H223 und H230, sowie die Glutaminsäurereste E101, E136, E196 und E227 verantwortlich (siehe Abb. 39 a), S. 106).

Durch unterschiedliche Packungskontakte im Kristall variieren die beiden Untereinheiten in ihrer Mobilität (unterschiedliche B-Faktoren). Dennoch unterscheiden sich die Polypeptidstrukturen und die Mangancluster kaum. Eine μ-Oxo-Verbrückung wie bei vielen anderen binuklearen Metallproteinen oder einem künstlichen Dimangankatalysator [151] findet sich nicht.

Erstaunlicherweise gibt es aber Differenzen in der Solventverteilung. In der beweglicheren Untereinheit B befinden sich zwei Wassermoleküle, in der Untereinheit A jedoch ein Wassermolekül und eine ellipsoidale Elektronendichteverteilung, die entweder Wasserstoffperoxid oder molekularem Sauerstoff entsprechen kann.

Da in der Herstellung kein Wasserstoffperoxid verwandt wurde, ist es wahrscheinlich, dass es sich um molekularen Sauerstoff handelt (siehe Abb. 39 b), S. 106).

Substratkomplexe
Weder Tränk- noch Kokristallisationsversuche mit verschiedenen akzeptierten und nicht akzeptierten Substraten führten zu ausreichend streuenden Substratkomplexkristallen. Teilweise konnten aber Verfärbungen oder andere Veränderungen am Kristall wie z.B. ein Verbiegen festgestellt werden. Da es unwahrscheinlich erschien, dass noch Substratkomplexe erfolgreich vermessen werden können, wurde eine Kombination aus Computermodellierung und Mutagenese zur Bestimmung der Substratbindung herangezogen (siehe Abschnitt 3.6, S. 109).

3.6 Mutageneseexperimente

Anhand der Röntgenkristallstruktur konnten für die Funktion von AurF potentiell wichtige Aminosäurereste identifiziert werden. Zur Bestätigung der Modelle wurden Mutageneseversuche bezüglich Metallkoordinierung und Substratbindung durchgeführt.

Die untersuchten Positionen sind in der AS-Sequenz (siehe Abb. 40) markiert, eine Übersicht über alle durchgeführten Mutageneseuntersuchungen befindet sich im Anhang (Tab. 26, S. 184).

Die erfolgreiche Expression und Löslichkeit aller Enzymvarianten wurden über SDS-PAGE nachgewiesen.

```
AurF   MREEQPHLATTWAARGWVEEEGIGSATLGRLVRAWPRRAA       40

AurF   VVNKADILDEWADYDTLVPDYPLEIVPFAEHPLFLAAEPH       80
                           Mn
AurF   QRQRVLTGMWIGYNERVIATEQLIAEPAFDLVMHGVFPGS      120
                      S     S
                     Mn    Mn
AurF   DDPLIRKSVQQAIVDESFHTYMHMLAIDRTRELRKISERP      160
                                       Mn
AurF   PQPELVTYRRLRRVLADMPEQWERDIAVLVWGAVAETCIN      200
                         Mn  Mn  Mn
AurF   ALLALLARDATIQPMHSLITTLHLRDETAHGSIVVEVVRE      240
        S
AurF   LYARMNEQQRRALVRCLPIALEAFAEQDLSALLLELNAAG      280
                              S
AurF   IRGAEEIVGDLRSTAGGTRLVRDFSGARKMVEQLGLDDAV      320
                          S
AurF   DFDFPERPDWSPHTPR       336
```

Abbildung 40: *Aminosäuremotive von AurF: Mn=Mangankoordinierung, S=Substratbindung*

Metallkoordinierende Aminosäuren

In der Nähe der Manganatome im Zentrum (< 4 Å) befinden sich sieben putative Metall-Liganden, vier Glutamatreste und drei Histidine. Histidine können nur einfach koordinieren und wurden daher gegen Alanin ausgetauscht. Glutamatreste können entweder einfach oder zweifach (bidental) koordinieren. Daher wurden diese nicht nur zu Alanin, sondern auch zu Glutamin mutiert. Des Weiteren könnte die Distanz zwischen Peptidrückgrad und Metallatom relevant sein. Deshalb wurden Glutamatreste zusätzlich gegen Aspartat und Asparagin getauscht. Insgesamt ergaben sich damit 19 Varianten für die metallkoordinierenden Aminosäureliganden.

Alle Alanin-Mutanten der metallkoordinierenden Aminosäuren waren vollständig inaktiv, alle geprüften Positionen sind mithin essentiell für die Funktion von AurF. Austausch der Glutaminsäure an Position 101 gegen Glutamin ergab 61 % Aktivität, der Austausch gegen Asparaginsäure aber nur sehr geringe, wenn auch noch messbare Aktivität (unterhalb der Bestimmungsgrenze).

Von den Mutationen der Glutaminsäure an Position 196 hingegen war nur bei Asparaginsäure eine 43 %ige Restaktivität zu verzeichnen.

Alle übrigen nicht explizit erwähnten Mutanten der metallkoordinierenden Aminosäuren waren inaktiv.

Aminosäuren für Substratspezifität

Da trotz vieler verschiedener Ansätze keine Protein-Substrat-Kristalle erfolgreich vermessen werden konnten, war nur ein computergestütztes Einpassen von PABA in der Nähe des aktiven Zentrums des Modells möglich. Zur Verifizierung der putativen Bindungsstelle wurden Mutageneseexperimente durchgeführt.

Austausch von Arginin 96 gegen Alanin resultierte dabei in inaktivem Enzym. Lediglich ein minimaler Umsatz zu PHABA konnte detektiert werden.

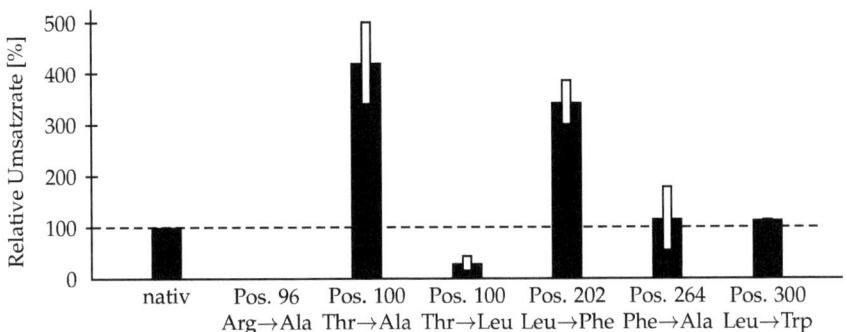

Abbildung 41: Mutanten der Aminosäuren für Substratspezifität

Sehr sensibel waren auch Mutationen an Threonin 100. Leucin an dieser Stelle reduzierte die Aktivität auf 15 %, während die Mutation zu Alanin die Aktivität 3,9fach erhöht. Ebenso führte ein Austausch von Leucin 202 zu Phenylalanin zu einer etwa 3fach höheren Aktivität.

Mutationen an den Positionen 264 und 300 verhielten sich im Wesentlichen neutral (siehe Abb. 41).

4 Diskussion

4.1 Klonierung, Expression und Aufreinigung von AurF

Als Grundvoraussetzung für Aktivitätsstudien und bioanalytische Untersuchungen an AurF war zunächst die Klonierung des Gens notwendig, sowie die Entwicklung effizienter Herstellungsverfahren für das Enyzm.

Nach der Optimierung von PCR-Methoden konnte ein Klonierungsvektor mit einer fehlerfreien Kopie von *aurF* hergestellt werden. Der TripleMaster®-Mix hat sich dabei als die beste Option zur Minimierung der PCR-Fehlerrate für das G/C-reiche Templat herausgestellt (Protokoll siehe Abschnitt 2.2.3, S. 33).

Anschließend wurden verschiedene Expressionsplasmide für *S. lividans* und *E. coli* konstruiert, in die entsprechenden Wirte transformiert und Expression sowie die AurF-*in vivo*-Aktivität geprüft.

Im *S. lividans* ZX1 zeigten sowohl das unveränderte Protein als auch das 6×His-getaggte Enzym AurF vergleichbare Umsatzraten. Dies belegt, dass die benutzte Ribosomenbindestelle aus dem *E. coli*-Expressionsvektor pRSET B mit der Sequenz AGAAGGA in den *S. lividans*-Zellen erkannt wird und zu erfolgreicher Translation führt. Zudem ergibt sich ein erster Hinweis, dass N-terminale Modifikationen nicht zwangläufig zur Inaktivierung des Enzymes führen.

Die Schwierigkeiten bei der Expression von 6×His-AurF in *E. coli* sind vermutlich auf den hohen G/C-Gehalt des *Streptomyces*-Gens zurückzuführen. Aufgrund der unterschiedlichen „Codon Usage"[14] und dem daraus resultierenden Mangel an entsprechenden tRNAs bei der Überexpression kann es zum sogenannten „Codon Bias" kommen, der im Abbruch der Proteinsynthese resultiert. Um das Problem zu entschärfen, wurden neben *E. coli* BL21 (DE3) auch kommerzielle BL21 (DE3)-

---

[14] zur Codon Usage von über 8000 Organismen siehe [152, 153]

Stämme eingesetzt, die zusätzliche Plasmide zur Expression seltener tRNAs in *E. coli* besitzen. In der Tabelle 24 (S. 177, im Anhang) werden die seltenen Codons von *E. coli* mit denen von *S. lividans* und der tatsächlichen Codonhäufigkeit bei 6×His-AurF verglichen. Doch auch die Verwendung dieser speziellen Stämme führte nicht zur erfolgreichen Expression von 6×His getaggtem AurF.

Die erfolgreiche Überexpression des MalE-AurF-Fusionsproteines in BL21 (DE3) legt nahe, dass die Gesamt-Codon-Usage des Proteins eine entscheidende Rolle spielt.

Für die praktische Anwendung ist die sehr gute Löslichkeit des MalE-Fusionspartners positiv, sowie die Möglichkeit der Affinitätschromatographie. Nach der zusätzlich nachgewiesenen *in vivo*-Aktivität des Fusionsproteins bot sich ein ideales Expressionssystem für die Herstellung größerer Mengen von AurF dar.

Durch die Expression von MalE-AurF-Protein in einer Hochzelldichtefermentation standen für weitere Arbeiten praktisch unlimitierte Mengen an Rohmaterial zur Verfügung.

Zur Aufreinigung wurde ein Schema entwickelt, das für unterschiedliche Anwendungszwecke des Proteins entsprechend angepasste Downstream-Sequenzen ermöglicht (siehe Abb. 12, S. 48).

Kritisch war dabei vor allem der Faktor Xa-Verdau des Fusionsproteins. Abweichend von der Literatur, die von signifikanter Hemmung der Faktor Xa-Protease bei Kochsalzkonzentrationen über 100 mM ausgeht [112, 113], wurde eine optimale spezifische Spaltung bei 200 bis 400 mM NaCl nachgewiesen. Auch unter reduzierenden Bedingungen - notwendig für die Herstellung von SeMet-Protein - wurden zufriedenstellende Ergebnisse erzielt.

Im SDS-PAGE-Gel (siehe S. 79) lassen sich am Ende der Aufreinigung keine Proteinverunreinigungen mehr feststellen. Hochgereinigtes 9 AS-AurF konnte nach einem Pufferaustausch durch Gelfiltration kristallisiert werden, was für sehr hohe Reinheit und Homogenität spricht. Die erfolgreiche Kristallisation von 9 AS-AurF aus insgesamt sieben verschiedenen Herstellungschargen dokumentiert zudem eine sehr gute Reproduzierbarkeit der Chargenqualität.

4.2 Mechanismus I: Sequentielle N-Monooxygenierung

Direkter „At-line"-Nachweis von PHABA während der katalytischen Umsetzung von PABA zu PNBA (*in vivo* und *in vitro*), stöchiometrische Betrachtungen und die durchgeführten Fütterungsexperimente belegen, dass in einem ersten Schritt zunächst das einfach hydroxylierte PHABA als Intermediat entsteht und dieses anschließend zu PNBA weiteroxidiert wird.

Das Auftreten einer Azoxyverbindung lässt darüber hinaus auf die Anwesenheit einer Nitrosospezies schließen, da beide bisher beschriebenen Mechanismen zur Azoxybenzbildung - nämlich die Dimerisierung von Nitrosobenzenen oder die Kondensation von Hydroxylaminen mit Nitrosoverbindungen - die Anwesenheit von Nitrosoreaktanden voraussetzen [14, 154, 155]. Abbildung 42, S. 114 zeigt beide Möglichkeiten, die zur Bildung des Azoxydimers führen können.

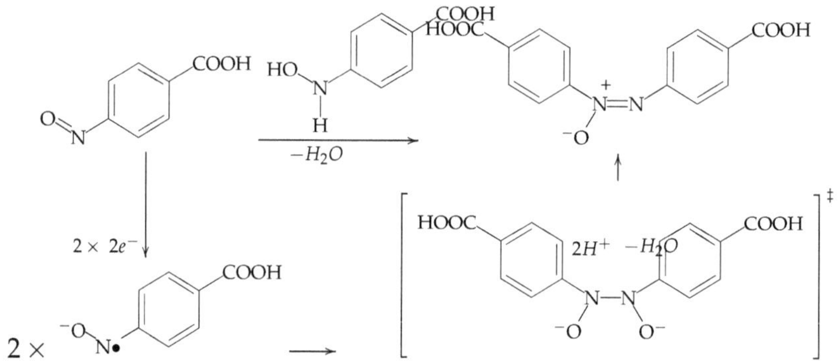

Abbildung 42: Bildung des Azoxy-Dimers aus PHABA

Die nachgewiesene Azoxybenzol-4,4'-dicarbonsäure ist auch bereits als Metabolit des insektenparasitären Zygomyceten *Entomophthora virulenta* bekannt. Für die Produktion dieses pilzlichen Naturstoffes gibt es noch kein Modell, weshalb die hier vorgestellten Ergebnisse wichtige Anhaltspunkte für die Biosynthese liefern könnten [156, 157].

Auch wenn das Nitrosointermediat nichtenzymatisch entstanden sein könnte, erscheint es doch plausibler, dass eine zweite Hydroxylierung des PHABA-Intermediates unter Verwendung des selben enzymatischen Mechanismus zum *p*-Dihydroxylaminobenzoat führt, welches nachfolgend dehydratisiert wird.

Das Nitrosobenzoat stünde dann wieder als Substrat für einen weiteren katalytischen Zyklus zur Verfügung, so dass insgesamt dreimal der selbe enzymatische Mechanismus, über den jeweils ein Sauerstoffatoms übertragen wird, eingesetzt werden kann.

Da das integrierte Sauerstoffatom aus molekularem Sauerstoff stammt [41–43], handelt es sich bei AurF um eine Monooxygenase.

Der vorgeschlagene Mechanismus ist in Abbildung 43, S. 115 zusammengefasst.

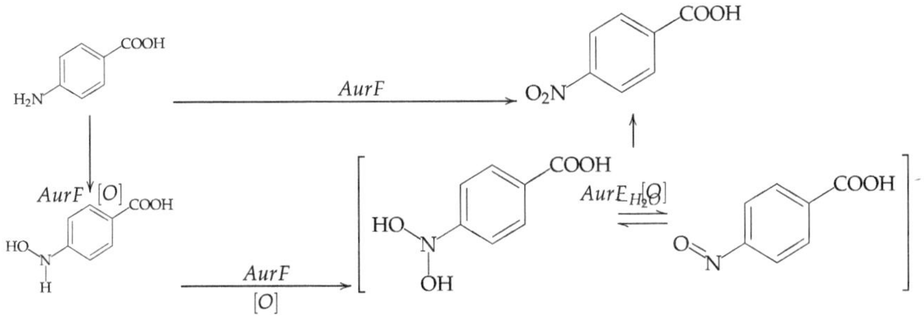

Abbildung 43: *Vorgeschlagener Reaktionsmechanismus für die sequentielle Monooxygenase-Aktivität von AurF*

Ungefähr ein Jahr nach Veröffentlichung dieses Modells [158] wurde für PrnD, die zweite bekannte N-Aryloxygenase, ein sehr ähnliches Reaktionsschema nachgewiesen, was die Bedeutung und Richtigkeit dieses Reaktionsprinzips untermauert [159].

Der Biosyntheseweg der Nitrogruppe verläuft damit entgegengesetzt zur mikrobiellen Biodegradation von aromatischen Nitroverbindungen wie TNT [160–162].

4.3 Interaktion zwischen Primär- und Sekundärmetabolismus

Abbildung 21 auf S. 82 zeigt eine Bilanzierung von PABA, PHABA und PNBA während eines AurF-*in vivo*-Assays mit *S. lividans*-Wirtszellen. Am Anfang des Experiments befanden sich die Zellen unter wachstumslimitierenden Bedingungen und somit im Sekundärmetabolismus (**A**). In dieser Phase blieb die Summe aus PABA, PHABA und PNBA annähernd gleich.

Sobald aber nach 72 h durch Zelllyse wieder Substrate zur Verfügung standen, begannen die Zellen wieder Primärmetabolismus-Aktivitäten (**B**) unter erhöhtem Verbrauch von PABA. Dieses stellt beispielsweise einen Baustein in der Biosynthese von B-Vitamin Folat dar [163]. Im Überstand war nach kurzer Zeit kein PABA mehr messbar, nichtsdestotrotz wurde weiterhin PNBA produziert.

Das dafür notwendige PABA wurde also aus dem Primärstoffwechsel abstrahiert, stammt somit letztendlich aus dem Shikimat-Weg [163].

Im Aureothin-Gencluster des natürlichen Produzenten *S. thioluteus* findet sich ein 695 AS-Leserahmen, AurG, mit Homologie zu bifunktionalen PABA-Synthasen. Diese Enzyme setzen Chorismat über Transaminierung zu 4-Amino-4-desoxychorismat um. Nachfolgende Hydrolyse führt zu PABA [45, 92, 163, 164].

Ähnliche PABA-Synthasen wurden auch in anderen Sekundärmetabolitproduzenten identifiziert [165–171]. Wahrscheinlich ist AurG generell für den Organismus notwendig, um eine Unterversorgung mit PABA/Folat infolge der AurF-Aktivität und resultierende Selektionsnachteile zu vermeiden.

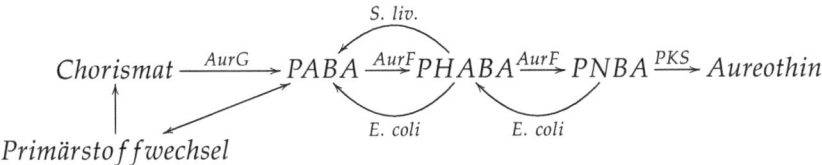

Abbildung 44: *Interaktion zwischen Primär- und Sekundärmetabolismus*

Darüber hinaus ist der Verbrauch von PABA im Primärstoffwechsel wesentlich schneller als die Umsetzung zu PNBA durch AurF. Bei Zugabe von PABA zu wachsenden Zellen ist daher keine oder nur geringe PNBA-Bildung nachweisbar.

Wie Fütterungsexperimente mit der Negativkontrolle (ZX1/pWHM4*) zeigten, wird zugeführtes PHABA zudem schnell zu PABA reduziert und verbraucht, wenn es nicht vorher zum stabilen PNBA weiteroxidiert wird.

Eine Reduktion von PNBA findet in *S. lividans* nicht statt, während *E. coli*-Zellen PNBA über PHABA zu PABA abbauen und konsumieren.

Insgesamt präsentiert sich ein fein abgestimmtes und robustes System zur Bereitstellung der Nitro-Startereinheit der PKS und begründet, warum eine relativ niedrige Aktivität von AurF physiologisch notwendig und vorteilhaft ist.

4.4 Biochemische Eigenschaften von AurF, Kofaktoren und Struktur

Biochemische Eigenschaften von AurF

Trotz hoher Reinheit zeigte das SDS-PAGE-Gel für frisch hergestelltes 9 AS-AurF zunächst eine Doppelbande, die sich auch gegenüber stark denaturierenden Bedingungen als resistent erwies. Für beide Varianten wurde über einen „Peptide Mass Fingerprint" die korrekte Aminosäuresequenz bestätigt, der anscheinende Massenunterschied von etwa 2 kDa ließ sich durch MALDI-TOF-Massenspektrometrie jedoch nicht feststellen.

Die Isoform mit der anscheinend geringeren Molmasse wies geringere Stabilität in Lösung auf. Daher war nach einer gewissen Inkubationszeit nur noch die Isoform mit der anscheinend größeren Molmasse sichtbar. Bei der unteren Bande kann es sich daher um das Apoenzym oder eine fehlerhaft gefaltete Isoform handeln, und bei der Bande mit der anscheinend höheren Molmasse um das korrekt gefaltete Enzym mit einem stark gebundenen und stabilisierenden Kofaktor.

Die Molekulargewichtsbestimmung von 9 AS-AurF über MALDI-TOF (siehe Abb. 53, S. 182) ergab ein im Vergleich zur theoretischen Masse (39.049 Da) um 227 Da oder 0,58 % geringeres Molekulargewicht. Diese Abweichung ist mit einer verringerten Messgenauigkeit des Massenspektrometers für hohe Massen zu begründen. Im Spektrum war darüber hinaus ein Peak mit der doppelten Masse erkennbar. Da jedoch auch andere scheinbare Polymere mit der drei- und vierfachen Masse detektierbar waren, ist aus diesen Daten keine definitive Aussage über die Quartätstruktur möglich, sondern es handelt sich wohl um Messartefakte, die aus der Probenpräparation herrühren.

Die Bestimmung des nativen Molekulargewichtes von 9 AS-AurF mittels analytischer Gelfiltration legt nahe, dass das Enzym als Dimer vorliegt. Die gemessene Dimermasse befindet sich dabei mit 75,2 kDa etwa 4 % unterhalb der doppelten theoretischen Masse (78,1 kDa). Diese Abweichung begründet sich eventuell in einer nichtglobulären dreidimensionalen Form des Dimers.

Die Bestimmung des pI-Wertes von 5,0 stimmt mit dem theoretischen Wert von 5,02 gut überein. Gelfiltration und isoelektrische Fokussierung zeigen dabei auch eine hohe Reinheit und Homogenität des gereinigten 9 AS-AurF-Proteins.

Kofaktoren von AurF
Bei MALDI-TOF-Messungen führen kovalent gebundene organische Oxygenasen-Kofaktoren zu einem Massenshift der entsprechenden Proteine. Bei Flavoproteinen verschiebt sich die Masse dabei um 438-783 Da, für Hämproteine um 612-616 Da, je nach Bindungsmodus (RESID-Datenbank [63]). Ein solcher typischer Massenshift, der auf einen kovalent gebundenen Kofaktor hinweisen würde, konnte weder beim unverdauten 9 AS-AurF-Protein, noch in den tryptischen Peptiden der oberen oder unteren Bande des SDS-PAGE-Gels (siehe S. 79) gefunden werden.

Massenspektrometrische Daten liefern also keinen Hinweis auf einen kovalent gebundenen organischen Flavin- oder Häm-Kofaktor.

Im synchronen Fluoreszenzspektrum ließ sich kein Signal für Isoalloxazine/Flavine[15] mit einer Emmissionswellenlänge von 520 nm bei einer Anregungswellenlänge von 450 nm detektieren (siehe Abb. 30, S. 30). Auch im nativen UV/VIS-Spektrum (siehe Abb. 30, S. 93) wurde keine Flavinbande gefunden, die bei 450 nm zu erwarten gewesen wäre. Flavine können damit als prosthetische Einheiten mit hoher Wahrscheinlichkeit ausgeschlossen werden.

Die schwache Emmission zwischen 650 und 700 nm im Fluoreszenzspektrum könnte auf Porphyrin hinweisen [172, 173]. Auch das native UV/VIS-Spektrum von MalE-AurF zeigte Ähnlichkeit zu Hämproteinen. Diese besitzen ein Maximum bei etwa 410 nm („Soretbande") [172], das sich bei Oxidation verringert und darüber hinaus zwei weitere oxidationsempfindliche Banden bei etwa 530 und 550 nm [142]. Die Änderung des UV-Spektrums bei Oxidation weicht jedoch stark vom Verhalten dieser Proteinfamilie ab, außerdem fehlen die beiden UV-Banden

---
[15]Referenzspektren: [143–145]

bei 530 und 550 nm. Damit ist ein an AurF assoziiertes Porphyrin/Häm (P450-Enzyme) sehr unwahrscheinlich.

Zum ermittelten UV/VIS-Differenz-Spektrum von MalE-AurF findet sich kein Vergleich in der Literatur [141] oder in Spektrendatenbanken [145].

Einen ersten Anhaltspunkt für möglicherweise enthaltene Kofaktoren lieferten die ICP-MS/OES-Untersuchungen. Durch diese Analyse wurden in AurF signifikante Mengen Eisen und Mangan festgestellt. Bei der Dialyse gegen EDTA wurde bezüglich der Proteinkonzentration zwar Eisen, nicht aber Mangan abgereichert. Dies lässt darauf schließen, dass Eisen unspezifisch am Protein gebunden ist, während Mangan stark komplexiert zu sein scheint. Dieses Ergebnis lässt ein Mangan-abhängiges Protein vermuten. Aus den gemessenen Konzentrationen für Protein und Mangan ergeben sich zwei Manganatome pro Untereinheit. SIMURDIAK ET AL. hatten abhängig vom Medium zwischen zwei Eisen- und zwei Manganatome pro AurF-Molekül berichtet [146]. Allerdings wurde in dieser Arbeit AurF mit einem metallkomplexierenden 6×-His-Tag exprimiert, der nach der Affinitätschromatographie nicht entfernt wurde. Da zudem nur gegen HEPES-Puffer dialysiert wurde, sind Artefakte nicht unwahrscheinlich.

Durch kolorimetrische Messungen wurde eine starke Selektivität von AurF für Mangan gegenüber Eisen bestätigt. In dieser Bestimmung ergab sich jedoch nur ein Manganatom pro AurF-Untereinheit. Diese Abweichung in der Stöchiometrie im Vergleich zu den ICP-Ergebnissen liegt wahrscheinlich an der frühen Aufreinigungsstufe, in der korrekt gefaltetes und Mn-beladenes Enzym neben anderen Spezies vorliegt, die während der folgenden Aufreinigungsstufen entfernt werden.

Das ESR-Spektrum von nativem MalE-AurF (Abb. 33 a), S. 98) ist typisch für ein mononukleares Mn^{2+}-Zentrum im High-spin-Zustand

(5/2) [174]. Doch auch binukleare Manganzentren können ESR-spektroskopisch als mononukleare Zentren auftreten [175].

Das kleinere Signal bei g=4,3 wird entweder durch eine Fe^{3+}-Verunreinigung mit niedriger Ligandensymmetrie hervorgerufen [174, 176, 177], oder ist bedingt durch eine oktaedrische Mn-Koordinierung [174]. Proteingebundenes Eisen weist kein solches ESR-Signal auf [176]. Auch fehlen die deutlichen Signale g=6,7 und g=5,3, wie sie bei High-spin-Eisen-Proteinen auftreten können [178].

Der scharfe Peak bei g=2,01 nach Aktivierung des Enzyms mit H_2O_2 entspricht einem Radikal (siehe Abb. 33 c), S. 98). Das gleichzeitige Verschwinden des Mn^{2+}-Signals weist deutlich auf eine wahrscheinliche Beteiligung von Mangan an einem radikalischen katalytischen Mechanismus hin.

Expression des Enzymes in Kulturmedien mit unterschiedlichen Eisen/Mangan-Verhältnissen und nachfolgende Bestimmung der AurF-Aktivität ergab keinen deutlichen Zusammenhang zwischen Eisen/-Mangan-Gehalt im Medium und Steigerung oder Inhibition der Enzymaktivität.

Insgesamt deuten alle biochemischen Befunde eindeutig auf ein ein- bis zweikerniges Manganzentrum als einzigen Kofaktor in AurF hin. Eisen ist anscheinend nur unspezifisch an AurF gebunden und spielt bezüglich der Akivität wohl eine untergeordnete Rolle, z. B. in der Kofaktorregenerierung.

Struktur

Röntgenstrukturanalyse stellt derzeit den einzigen praktikablen Zugang zur absoluten Konfiguration von Proteinen dar. Weil mit AurF offensichtlich der Repräsentant einer neuen Enzymsubklasse entdeckt wurde und optimierte Verfahren die Herstellung ausreichender Mengen an hochreinem Protein erlaubte, konnte ein Kooperationspartner für die Kristallisation und Strukturaufklärung gewonnen werden.

In dieser Zusammenarbeit konnte die Struktur von AurF mit einer Auflösung von 2,1 Å aufgeklärt werden. Für die Elemente Eisen und Mangan wurden zusätzlich Datensätze mit anormaler Diffraktion aufgenommen und ausgewertet. Durch diese Methode konnte zweifelsfrei ein binuklearer Mangancluster im aktiven Zentrum des Enzyms nachgewiesen und lokalisiert werden. Es bestätigte sich das Vorliegen von AurF als Homodimer, wie dies auch bereits aus der Bestimmung des nativen Molekulargewichts über analytische Gelfiltration abgeleitet wurde.

Zusätzlich konnte über eine Elektronendichteverteilung mit hoher Wahrscheinlichkeit die asymmetrische Bindung von molekularem Sauerstoff am Manganzentrum einer funktionellen Untereinheit des Dimers festgestellt werden.

Damit handelt es sich um die erste Strukturbeschreibung einer *N*-Oxygenase.

Enzyme mit einem binuklearem Manganzentrum waren bisher nur aus anderen Enzymklassen bekannt [179, 180]. Somit handelt es sich gleichzeitig um die erste Struktur einer Monooxygenase mit binuklearem Manganzentrum.

In den folgenden Abschnitten werden die biochemischen, physikalischen und strukturbezogenen Ergebnisse aus verschiedenen Blickwinkeln betrachtet und interpretiert.

4.5 Metallkoordinierung und Aminosäuresequenzmotiv

Metallkoordinierung

Um die Koordination der Mangankerne zu untersuchen, wurden in der Struktur alle benachbarten Aminosäurereste, die als Liganden in Frage kommen könnten, ausgewählt und durch Mutageneseexperimente auf ihre Relevanz überprüft (siehe Abschnitt 3.6, S. 109).

Ein Austausch gegen Alanin führte bei allen sieben ausgewählten Kandidaten - H139, H223, H230, E101, E136, E196 und E227 - zum kompletten Funktionsverlust, was die essentielle Rolle dieser Aminosäurerest beweist. Auch alle Asparagin-Varianten waren inaktiv.

Für die beiden Glutamatreste E136 und E227, die als zweizähnige Liganden wirken, war erwartungsgemäß keinerlei Toleranz für Mutationen gegen Glutamin oder Asparaginsäure vorhanden.

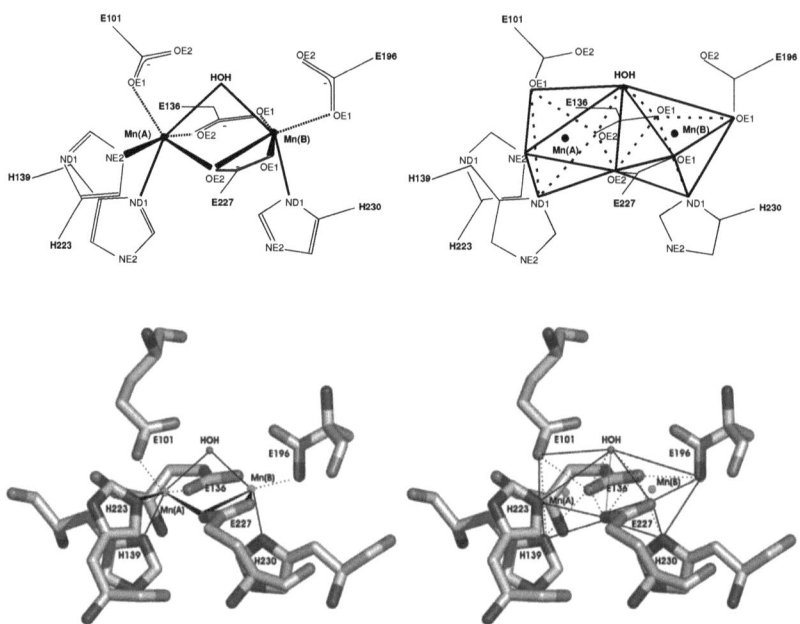

Abbildung 45: Metallkomplexierung im Grundzustand (Untereinheit B)

Glutaminsäure E101 war zwar nach Austausch gegen Asparaginsäure inaktiv, eine Substitution gegen Glutamin zeigte aber nur um etwa 40% verminderte Aktivität. Dies belegt, dass an dieser Position zwar die Ligandenlänge, also die Geometrie, entscheidend, eine Säuregruppe jedoch nicht essentiell ist.

Im Gegensatz dazu war die Glutamin-Variante des Glutamatrestes E196 praktisch inaktiv, während die Asparaginsäure-Variante noch etwa 40% Restaktivität aufwies.

Nach Analyse der Koordinationsgeometrie (siehe Abb. 45) ergab sich, dass an dieser Position vermutlich nur ein Sauerstoffatom (OE1) als Ligand notwendig ist.

Das Sauerstoffatom OE2 spielt dennoch eine essentielle Rolle in der katalytischen Aktivität, beispielsweise in der Substratfixierung oder als Wasserstoffakzeptor.

AurF koordiniert Mangan mit vier, beziehungsweise fünf Aminosäureliganden. Diese zeigen dabei eine annähernd oktaedrische Geometrie mit Winkelverteilungen von $93° \pm 5°$.

Zusätzlich befindet sich in Untereinheit A Sauerstoff und in Untereinheit B Wasser als zusätzlicher Ligand. Alle vier Mangankerne sind damit tri-heteroleptisch sechsfach koordiniert. Die beiden Oktaeder sind über eine Kante (E227:OE2-H_2O) miteinander verknüpft. Es handelt sich damit um ein kondensiertes Polyeder-System.

Die Abweichung von der idealen Geometrie eines Oktaeders bewirkt einen entatischen (gespannten) Zustand, durch den Elektronenübergänge und damit katalytische Aktionen begünstigt werden [181].

Aminosäuresequenzmotiv

Nach einer Sequenzanalyse wurde AurF anhand der Aminosäuren E101, E136, D135, H139, E196, D226, E227 und H230 von SIMURDIAK, LEE und ZHAO als binukleares Eisenenzym annotiert (siehe Abb. 46) [146].

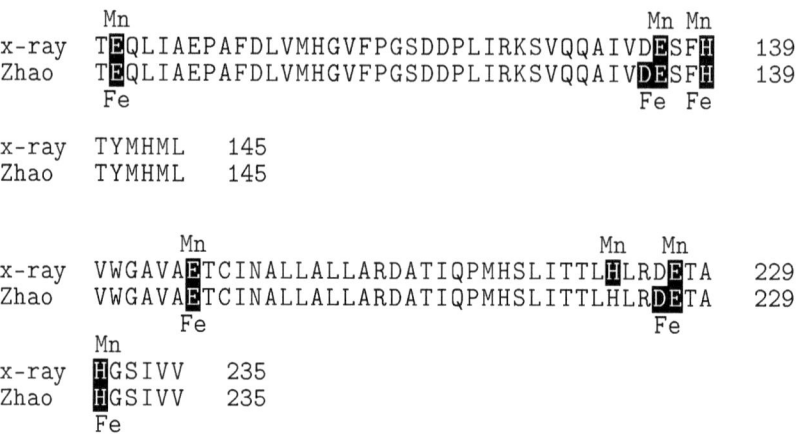

Abbildung 46: Vergleich von Mn- und Fe-Bindemotiv: oben: Mn-Liganden nach Röntgenkristallstruktur, unten: aus Sequenzanalyse von SIMURDIAK, LEE und ZHAO [146]

In der Tat findet sich in der ein Aminosäuresequenz von AurF ein konserviertes Motiv (D/E)-x$_2$-H-x$_n$-(D/E)-x$_2$-H, mit $n = 87$, das für unterschiedliche sauerstoffaktivierende binukleare Eisenproteine abgeleitet wurde. Jedes Carboxylat-Imidazol-Paar soll dabei ein Eisenatom koordinieren [182].

Die Röntgenkristallstruktur zeigt aber eindeutig, dass die Aminosäuren D135 und D226 nicht in die Richtung des aktiven Zentrums oder des Substratkanals zeigen, mithin keinesfalls an Metallkoordinierung oder der Aktivität beteiligt sein können (siehe Abb. 56, S. 185).

Ausserdem wird trotz starker Ähnlichkeit der Bindemotive bei AurF nicht Eisen, sondern Mangan komplexiert. Ein ähnlicher Fall wurde bereits für Eisen- beziehungsweise Mangan-abhängige Homoprotocatechuat 2,3-Dioxygenasen mit 83 % Sequenzhomologie berichtet [75].

Der zusätzliche Ligand H223 könnte bei der Differenzierung zwischen Eisen- und Mangan-koordinierenden Proteinen anhand der Aminosäuresequenz helfen. Bei einer manganabhängigen Superoxid-Dismutase beispielsweise führte eine einzelne Punktmutation von Glutamat zu Alanin zum Einbau von Eisen und Funktionsverlust [183]. Eine entsprechende Untersuchung für AurF ist geplant, mit dem Ziel, Ursachen für die Metallselektivität zu eruieren und eventuell erweiterte Sequenzmotive formulieren zu können.

Es bleibt offen, bei wievielen der als binuklearen Eisenproteine annotierten Sequenzen es sich in Wirklichkeit um binukleare Manganproteine handelt.

Eine abschließende Begründung für die Bevorzugung von Mangan kann aufgrund mangelnder Vergleichsdaten also noch nicht gegeben werden. Dieser Fall belegt jedoch einmal mehr, dass es generell anzuraten ist, Struktur- und Funktionsvoraussagen für Proteine anhand von Sequenzhomologien mit Vorsicht zu begegnen [184].

4.6 Mechanismus II: Ping-Pong bi bi Mechanismus mit Radikalbeteiligung

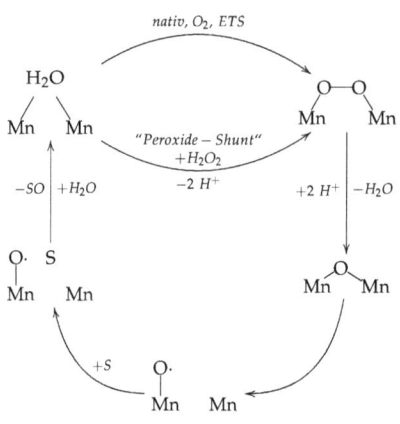

Abbildung 47: Vorgeschlagener radikalischer Mechanismus

Um die Anwesenheit von paramagnetischen Metallionen und Radikalen in AurF sensitiv überprüfen zu können, wurden Elektronenspinresonanz (ESR)- Messungen an nativem und aktiviertem Enzym vorgenommen.

Die ESR-Untersuchungen (siehe Abschnitte 3.4.3, S. 97, und 4.4, S. 120) zeigten, dass im Ruhezustand mindestens ein Manganatom des aktiven Zentrums in der Oxidationsstufe II+ (high spin) vorliegt. Möglich wäre auch, dass die beiden Metallatome komplett voneinander entkoppelt sind und sich im gleichen Zustand befinden.

Überführung in einen ESR-unsichtbaren Zustand nach Aktivierung mit H_2O_2 zeigt deutlich eine Änderung der Oxidationsstufe an. Der gleichzeitige Radikalnachweis spricht für einen radikalischen Mechanismus unter Beteiligung von Mangan.

Aus der Tatsache, dass sich bei Vorliegen von H_2O_2 und PABA kein Radikal mehr feststellen lässt und sich Mangan anscheinend im Ruhezustand II+ befindet, lässt sich ableiten, dass die Übergangszustände mit Vorliegen eines Radikals im Vergleich zur Gesamtreaktion nur kurz andauern.

Der Ruhezustand mit Koordination von Wasser am binuklearen Manganzentrum und die Bindung molekularem Sauerstoff an dieser Stelle wurden über Röntgenstrukturanalyse nachgewiesen.

Aus diesen Informationen kann man in Analogie zu P450-Monooxygenasen und Methanmonooxygenasen mit binuklearem Eisenzentrum (siehe Abschnitt 1.3.3, S. 22) den in Abbildung 47 vorgeschlagenen radikalischen Mechanismus formulieren.

Das Radikal liegt dabei wahrscheinlich als Sauerstoffradikal vor oder ist am Metallzentrum lokalisiert. Ein typischer Tyrosylradikal-Peak bei 408 nm (UV/VIS) - wie bei Ribonukleotidreduktasen mehrfach berichtet [185, 186] - ist nach Oxidation nicht eindeutig erkennbar. Eine Radikalstabilisierung an Tyrosyl scheint daher nicht vorzuliegen, auch zumal sich kein Tyrosylrest in unmittelbarer Nähe zum radikalproduzierenden Manganzentrum befindet.

Formalkinetisch entspricht die Reaktion mit H_2O_2 einem Ping-Pong bi bi Mechanismus [139, S. 90ff]:

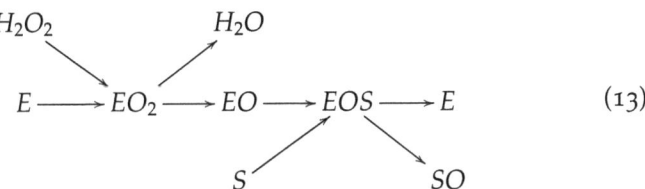 (13)

mit E für Enzym und S für das Substrat. Dieser Mechanismus ist dabei sowohl gültig für das primäre Substrat[16], als auch für die jeweiligen Intermediate bis zum finalen Produkt.

Der hohe $K'^{H_2O_2}_m$ (siehe Abschnitt 3.2.2, S. 83) lässt vermuten, dass H_2O_2 nicht das natürliche Kosubstrat ist, sondern eine Regenerierung über ein universelles Elektronentransfer-System (ETS) wie bei MMO oder P450-Monooxygenasen stattfindet, unter Verwendung von mole-

---

[16] im natürlichen Kontext PABA

kularem Sauerstoff und Reduktionsäquivalenten. Früher durchgeführte ^{18}O-Isotopenversuche zeigten ebenfalls den Einbau von molekularem Sauerstoff, außerdem wurde die Bindung von molekularem Sauerstoff im aktiven Zentrum der Röntgenkristallstruktur nachgewiesen. Molekularer Sauerstoff allein hingegen reicht nicht für eine Aktivität aus.

Bei der Aufreinigung des aktiven Fusionsproteins wurden keine Bestandtteile eines natürliches ETS, wie Ferredoxin oder Ferredoxinreduktasen, die am Enzym gebunden sein könnten, gefunden. Die *in vivo*-Funktion des heterolog exprimierten Enzyms sowohl in *S. lividans* als auch in *E. coli* zeigt aber, dass es sich um ein universelles und nicht um ein spezies- oder produzentenspezifisches Elektronentransfer-System handeln muss. In Frage kommen dabei beispielsweise Elektronentransfer-Systeme, die für P450-Monooxygenasen im Primärstoffwechsel eingesetzt werden und daher ständig verfügbar sind.

Eine weitere Untersuchung der natürlichen Enzymregenerierung wurde nicht vorgenommen, da sowohl *in vivo* als auch *in vitro* über einen Peroxide-Shunt Aktivität erzielt werden konnten und damit auch weitergehende Enzymstudien möglich geworden sind.

4.7 Substratbindung: Induced-Fit statt Schlüssel-Schloss

EMIL FISCHER stellte 1894 sein Modell des „Schlüssel-Schloss-Prinzips" vor, eine grundlegende und bahnbrechende Arbeit zum Verständnis von Enzym/Substrat-Interaktionen [187], die 1902 mit dem Nobelpreis für Chemie belohnt wurde [188]. Man stellt sich dabei Enzym und Substrat als starre Körper vor, die wie Schlüssel und Schloss ineinanderpassen müssen, um eine katalytische Reaktion zu erlauben. Beim sogenannten „Rigid Body Docking" (RBD) findet dieses Modell auch heute noch Anwendung in der schnellen computerbasierten Voraussage von potentiellen Protein/Liganden-Wechselwirkungen [189, 190].

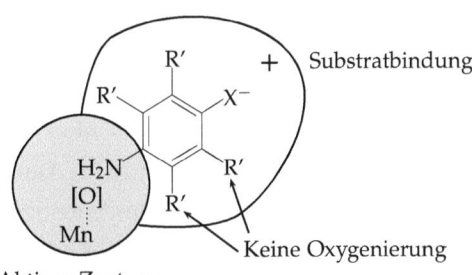

Abbildung 48: *Abgeleitete Substratbindung*

Allerdings können nicht alle Phänomene mit diesem Modell erklärt werden. Am Beispiel der Proteinsynthese wurde daher von KOSHLAND das „*Induced-Fit*"-Modell vorgestellt [191]. Dieses berücksichtigt die Proteinflexibilität und beruht auf drei Annahmen: a) eine präzise Orientierung der katalytischen Elemente ist notwendig für die enzymatische Aktivität, b) das Substrat kann eine signifikante Änderung der dreidimensionalen Verhältnisse der Aminosäuren am aktiven Zentrum verursachen und c) diese Änderungen am Protein, verursacht durch das Substrat, bringen die katalytischen Gruppen in die korrekte Position für eine Reaktion. Ab diesem Punkt entspricht das Induced-Fit-Modell wieder dem Schlüssel-Schloss-Prinzip und erweitert daher lediglich das Modell von FISCHER.

Für AurF konnte mittels CD (siehe Abb. 36, S. 102) nachgewiesen werden, dass durch Substratzugabe eine markante Konformationsänderung induziert wird, was für die Gültigkeit eines Induced-Fit-Mechanismus spricht. Die Schwierigkeit, PABA mit AUTODOCK [190] in die Röntgenkristallstruktur zu docken, oder idealerweise messbare AurF/-Substrat-Kristalle zu erhalten, unterstützen diese These.

In Verbindung mit den Substratspezifitätsuntersuchungen konnte eine putative Substratbindung für die katalytische Reaktion abgeleitet werden (siehe Abb. 48). Das Lösen der Röntgenkristallstruktur erlaubte die theoretische Modellierung des Enzym-Substratkomplexes. Eine dreidimensionale Darstellung des aktiven Zentrums mit modellierter Substratbindung findet sich in Abb. 49, S. 133.

Mutageneseexperimente (siehe Abschnitt 3.6, S. 109) bestätigten diesen Substratbindungsmechanismus. Das basische Arginin R96 ist dabei für die Koordination der sauren Gruppe des Substrates über eine Salzbrücke verantwortlich. Eine Mutation dieser Aminosäure zu Alanin reichte aus, um AurF zu inaktivieren. Für das Einpassen des Substrates in die Struktur ist ein leichtes Verdrehen der Aminosäurereste Threonin T100, Leucin L202 und Phenylalanin F264 nötig. Leucin L300 befindet sich im Zugangskanal zum aktiven Zentrum.

Die Mutationen von F264 zu Alanin sollte eine Erhöhung der Aktivität bewirken. Dies konnte jedoch nicht bestätigt werden, vermutlich aufgrund eines immer noch starken Kontaktes zwischen A264 und PABA. Auch der Austausch von L300 gegen Tryptophan zeigte nicht die erwartete Aktivitätsverringerung durch eine Verkleinerung des Kanals, was an der Mobilität dieses Aminosäurerestes liegen könnte.

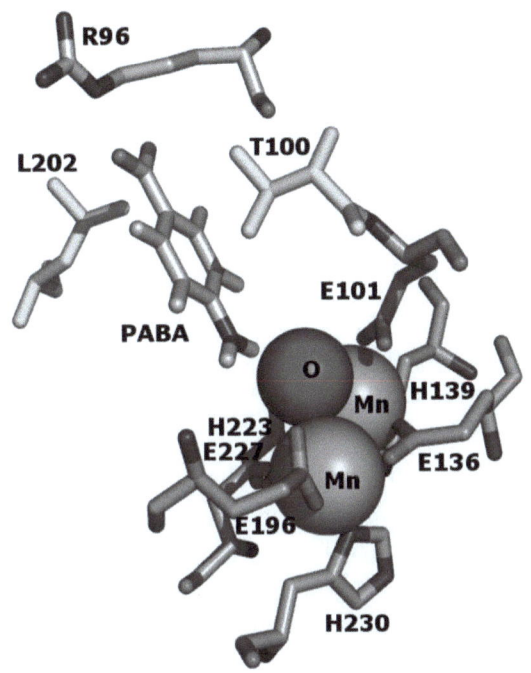

Abbildung 49: Funktionsmodell von AurF

Einen starken Einfluss auf die Aktivität hatten jedoch Mutationen der Aminosäuren Threonin T100 und Leucin L202. Befindet sich an Pos. 100 Alanin, steigt die Aktivität ungefähr um den Faktor drei. Umgekehrt reduziert sich die Aktivität, wenn sich an dieser Stelle Leucin befindet, auf etwa 15 %. Der räumliche Bedarf dieses Aminosäurerestes an dieser Position ist damit entscheidend für die Aktivität.

Gleichermaßen kritisch ist das gegenüberliegende L202. Wird dieses gegen Phenylalanin ausgetauscht, erhöht sich die Aktivität auf das rund 4fache des Wildtyps. Vermutlich gibt es einen hindernden Kontakt zwischen der Gabelung von L202-Cδ und PABA, der durch die planare Ringstruktur des Phenylalanins nicht mehr zustandekommt.

Die Ergebnisse aus den Mutagenesestudien belegen damit die Richtigkeit der putativen Bindungsstelle.

Aus der experimentell festgestellten Spezifität und dem modellierten Bindungsmechanismus leitet sich eine streng definierte Bandbreite akzeptierter Substrate ab. Eine saure Gruppe und deren starke Wechselwirkung mit R96 ist offensichtlich notwendig, um mit Hilfe des Substratmoleküls eine Konformationsänderung zu veranlassen und dadurch den *para*-ständigen Stickstoff am aktiven Zentrum zu positionieren. Für die Reaktion des Stickstoffs mit dem Sauerstoffradikal sind nach der erfolgreichen Substratbindung der Abstand zwischen Säuregruppe und Aminogruppe, sowie deren Orientierung relevant. Durch diese zweistufige Kontrolle wird eine strenge Substratspezifität realisiert.

Die wichtigsten Biomoleküle mit primären Amino- und Carboxygruppen in einer Zelle sind Aminosäuren. Deren Konfiguration, insbesondere der Abstand zwischen primärem Amin und Carboxygruppe, weicht jedoch stark vom aktzeptierten Substratmotiv für AurF ab. Unerwünschte *N*-Oxygenierungen werden daher durch die strenge Substratspezifität des Enzyms verhindert.

4.8 Zusammenfassendes Funktionsmodell

Anhand der diskutierten Ergebnisse kann ein zusammenfassendes Funktionsmodell erstellt werden.

Zunächst wird das binukleare Manganzentrum von AurF entweder durch molekularen Sauerstoff und ein Elektronentransfer-System (ETS) der Zelle, oder durch Wasserstoffperoxid aktiviert. Dabei wird Wasser abgespalten und es entsteht ein mangangebundenes Sauerstoffradikal.

Das Substrat gelangt in das aktive Zentrum und wird durch eine Säure-Base-Wechselwirkung über Arginin R96 koordiniert. Dabei muss das Enzym seine Konformation ändern, um eine Induced-Fit-Bindung zu erlauben. Durch die räumliche Anordnung ist nur eine Reaktion des *para*-ständigen Stickstoffatoms mit dem Sauerstoffradikal möglich.

Das monooxygenierte Substrat verlässt das aktive Zentrum. Nach der Regnerierung durch molekularen Sauerstoff und ein ETS oder Wasserstoffperoxid (s. o.) ist das Enzym für weitere Monooxygenierungen bereit.

Diese führen nach insgesamt drei Katalysezyklen pro Aminogruppe schließlich zur Nitrogruppe (siehe vorgeschlagener Mechanismus, Abb. 43, S. 115).

4.9 Evolutionärer Ursprung von AurF

Beruhend auf dem derzeitigen Kenntnisstand beginnt die Entstehung neuer Enzymfunktionalitäten mit einer Genduplikation. Nachfolgend bewirken Mutationen und die Selektion bevorzugter Aktivitäten die Evolution der Kopie zu einem neuen, eigenständigen Enzym [192]. Der Ausgangspunkt ist dabei oft die funktionelle Promiskuität eines Enzymes, also bereits vorhandene Nebenfunktionalitäten, die zu einer neuen Hauptfunktion weiterentwickelt werden können [193].

Während dieses evolutionären Optimierungsprozesses ist dabei üblicherweise die Struktur - Grundlage jeder katalytischen Funktion - konservierter als die Aminosäuresequenz [194]. Evolutionär verwandte Enzyme von AurF sind also unter den strukturell ähnlichen zu vermuten. Dies sind in erster Linie Ribonukleotidreduktasen (RCSB Strukturen: 1RIB, 1R2F, 2R2F, 1SYY, und 1W68) [195–198], sowie zwei Methanhydroxylasen (1MHY und 1MTY) [67, 199], eine Toluen-/o-Xylenhydroxylase (1TOS) [200] und zwei Fettsäuredesaturasen (1AFR und 1ZAO) [201, 202].

Besonders interessant ist natürlich die strukturelle Ähnlichkeit zu den Methanmonooxygenasen-Hydroxylasen (MMOH) mit einem binuklearen Eisenzentrum. Für die MMOH aus *Methylococcus capsulatus* (Bath) wurde berichtet, dass bei Substratspezifitätstests auch eine N-oxidierung von Pyridin beobachtet wurde [203]. Auch ein radikalischer Mechanismus wurde für diese Klasse von Hydroxylasen vorgeschlagen [79], weshalb nicht nur strukturelle, sondern auch funktionelle Ähnlichkeiten festgestellt werden können.

Auch die ebenso strukturell verwandten Ribonukleotidreduktasen nutzen einen radikalischen Mechanismus, wobei das Radikal an einem Tyrosinrest oder am Metallzentrum lokalisiert sein kann [185, 195, 197]. Die Existenz Mangan-abhängiger Ribonukleotidreduktasen und die Frage nach der Ursache alternativer Metallselektivität wird bereits seit längerer Zeit diskutiert [204], ein endgültiger struktureller Nachweis fehlt jedoch.

Neben einer Effizienzsteigerung für Elektronentransportaufgaben könnte der Austausch von Eisen gegen Mangan neue Funktionalitäten ermöglichen. Beispielsweise führte die Substition von Zink gegen Mangan in einer Carboanhydrase zu einer Änderung der Enzymaktivität von einer Hydrolase zu einer enantioselektiven Peroxidase [205].

Am wahrscheinlichsten erscheint daher eine Ableitung der N-Oxygenase AurF von Ribonukleotidreduktasen, da diese Enzyme in jeder lebenden Zelle vorhanden und essentiell sind. Eine Änderung der Metallselektivität des binuklearen Zentrums von Eisen zu Mangan könnte der Ausgangspunkt zur Entwicklung neuer Enzymfunktionen gewesen sein, die dann zur letztendlichen Hauptaktivität, der selektiven N-Oxygenierung primärer Amine, führte.

Funktionelle Diversität bei AurF

Auch bei AurF selbst ergab sich ein Hinweis auf vorhandene funktionelle Diversität. Bei höheren Konzentrationen an Wasserstoffperoxid zeigte sich deutliche Gasentwicklung in den Ansätzen, was für eine Katalase-Aktivität spricht:

$$2\ H_2O_2 \rightarrow O_2 \uparrow + H_2O \qquad (14)$$

Katalasen mit binuklearem Manganzentrum sind bereits bekannt; eine derartige Nebenreaktion ist daher nicht überraschend [179].

Dies zeigt, dass auch das neue und vermeintlich hochspezialisierte Enzym wieder funktionelle Promiskuität aufweist, woraus sich in der Evolution weitere Aktivitäten ergeben könnten.

4.10 Biokatalyse und biomimetische Katalysatoren

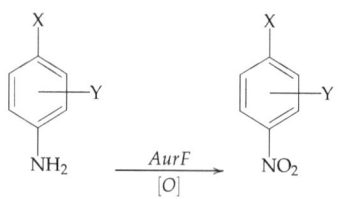

Abbildung 50: *Allgemeine Substratspezifität*

Die Untersuchungen zur Substratspezifität (siehe Abschnitt 3.2.3, S.86) demonstrierten hohe Chemo- und Regioselektivität für eine primäre Aminogruppe in *para*-Position zu einer sauren Gruppe (X) am aromatischen Ring. Zusätzliche Ringsubstituenten (Y) und Veränderungen an der Säuregruppe wurden in einem gewissen Rahmen toleriert, womit AurF die Anforderung an einen Biokatalysator mit einer gewissen Bandbreite möglicher Substrate grundsätzlich erfüllt. Eine Voraussage möglicherweise akzeptierter Substrate ist durch das Substratbindungsmodell in gewissen Grenzen möglich (siehe Abb. 49, S. 133). Besonders erstaunlich ist die selektive Oxygenierung angebotener Diamine. Solche Reaktionen können mit konventionellen chemischen Methoden nicht in einem Schritt realisiert werden.

N-Oxygenierungen mittels AurF können dabei entweder *in vivo* (siehe Abschnitt 3.2.1, S. 80) oder über einen neuartigen Peroxide-Shunt für Mn-abhängige Monooxygenasen *in vitro* (siehe Abschnitt 3.2.2, S. 83) mit MalE-AurF-Fusionsprotein durchgeführt werden. Zur Kofaktorregenerierung kann dabei Wasserstoffperoxid verwandt werden, was eine sehr ökonomische Option darstellt. Das Fusionsprotein kann auch immobilisiert in kontinuierlichen Prozessen eingesetzt werden (siehe Abschnitt 3.2.4, S. 88).

Unter nicht-optimierten Reaktionsbedingungen bei Raumtemperatur ist die Aktivität der N-Oxygenase relativ gering. Allerdings wurden die kinetischen Parameter bezüglich der kompletten Umsetzung von PABA zu PNBA errechnet. Da nach dem vorgestellten Mechanismus drei Oxygenierungsschritte bis zum finalen Produkt notwendig sind, sind die tatsächlichen Umsatzraten dreimal so hoch. Zudem ergaben Mutationen von einzelnen Aminosäuren bereits mehr als dreifache Reaktionsgeschwindigkeiten, was auf ein noch erhebliches Optimierungspotential auf Enzymebene hinweist (siehe Abschnitt 3.6, S. 109). Die gezielte Evolution des Enzyms bezüglich Geschwindigkeit und Substratspezifität wird dabei durch die Kenntnis der Struktur erleichtert.

Doch auch für die Entwicklung künstlicher Mangan-Katalysatoren ergeben sich neue Ansätze. Aus der organischen Synthese sind bisher vor allem die Manganporphyrine und Jacobsen-Katsuki Mangan-Salen-Katalysatoren bekannt [206–210]. Die genaue Kenntnis der Geometrie des aktiven Zentrums (siehe Abschnitt 4.5, S. 122) und des katalytischen Mechanismus (siehe Abschnitte 4.2, S. 114, und 4.6, S. 128) ermöglicht nun auch das rationale Design neuartiger biomimetischer Katalysatoren zur bisher in der chemischen Synthese unmöglichen selektiven N-Oxygenierung primärer Amine.

5 Zusammenfassung

Nitrogruppen sind relativ seltene Strukturelemente von Naturstoffen. Nichtsdestotrotz sind sie in unterschiedlichsten Verbindungsklassen weit verbreitet. Nitro-Naturstoffe zeigen überdies oft bemerkenswerte Bioaktivität. Doch trotz der Bedeutung von natürlichen Nitroverbindungen war über ihre Biosynthese bislang nur wenig bekannt. Die vermutlich wichtigste Syntheseroute verläuft über die N-Oxygenierung von primären Aminen.

Vor Kurzem wurde im Gencluster für Aureothin aus *Streptomyces thioluteus* eine N-Oxygenase entdeckt, die die Oxygenierung von *para*-Aminobenzoat zu *para*-Nitrobenzoat katalysiert. AurF ist damit eine von nur zwei bekannten nitrobildenden N-Oxygenasen.

Durch die leichte Verfügbarkeit der Referenzsubstanzen für Substrat und Produkt sind mit AurF modellhafte Studien zur N-Oxygenierung in der Natur möglich.

Bioinformatische Analysen ergaben keinerlei Hinweise auf homologe Proteine, Bindemotive oder Kofaktoren. Es handelt sich bei AurF also offensichtlich um den Vertreter einer neuen Enzymsubklasse.

In der vorliegenden Dissertationsarbeit sollte AurF klassifiziert und charakterisiert werden, sowie mechanistische Untersuchungen zur N-Oxygenierung und Nitrogruppen-Biosynthese durchgeführt und bewertet werden.

1. Es wurden verschiedene gentechnische Konstrukte hergestellt, die die Expression von nativem AurF in *Streptomyces lividans* und von MalE-AurF-Fusionsprotein in *Escherichia coli* ermöglichten. Beide Enzym-Varianten waren *in vivo* aktiv. Es wurde ein Aufreinigungsschema entwickelt, mit dem größere Mengen an MalE-AurF-Fusionsprotein und 9 AS-AurF-Protein für Aktivitätstests, Proteinanalytik und Röntgenstrukturuntersuchungen hergestellt

werden konnte. Insgesamt wurden mehrere Gramm gereinigtes Enzym produziert.

2. Durch *in vivo*- und *in vitro*-Assays wurde bewiesen, dass durch AurF primäre aromatische Amine schrittweise über Hydroxylamine und wahrscheinlich Nitrosointermediate zu Nitrogruppen oxidiert werden. AurF kann daher als sequentielle *N*-Monooxygenase klassifiziert werden. Bei dem vorgeschlagenen Biosyntheseweg handelt es sich um die erste vollständige Beschreibung einer Nitrogruppenbildung über *N*-Oxygenierung.

3. Substratspezifitätsstudien zeigten eine strenge Selektivität für primäre Amine in *para*-Stellung zu einer sauren Gruppe am aromatischen Ring, während andere Positionen variabel sein können. Diese hohe Substratspezifität ist physiologisch wichtig zur Verhinderung unerwünschter *N*-Oxygenierungen von Biomolekülen und macht AurF grundsätzlich für biokatalytische Anwendungen interessant.

4. Über spektroskopische Methoden (Fluoreszenz und UV/VIS) und MALDI-TOF-MS konnten organische Kofaktoren wie Flavin und Häm als prosthetische Gruppen von AurF ausgeschlossen werden. Elementanalysen mittels ICP-MS/OES und Kolorimetrie ergaben 1-2 Manganäquivalente pro AurF, sowie eine starke Selektivität für Mangan gegenüber Eisen. Durch Gelfiltration wurde ein Molekulargewicht mit der doppelten theoretischen Masse eines AurF-Moleküls bestimmt. Diese Ergebnisse lassen auf ein manganabhängiges Enzym schließen, das nativ als Homodimer vorliegt.

5. Elektonenspinresonanzspektroskopie lieferte einen weiteren Beweis für die Koordination von Mangan in AurF. Messungen an aktiviertem MalE-AurF-Fusionsprotein zeigten neben einer Oxi-

dationsstufenänderung von Mangan die Entstehung eines freien Radikals.

6. Durch einen erstmals für manganabhängige Oxygenasen beschriebenen Peroxide-Shunt gelang es, den katalytischen Zyklus von MalE-AurF-Fusionsprotein mittels Wasserstoffperoxid *in vitro* zu regenerieren. Des Weiteren wurde MalE-AurF-Fusionsprotein immobilisiert und erfolgreich zur kontinuierlichen chemo- und regioselektiven *N*-Oxygenierung eingesetzt.

7. Hochreines 9 AS-AurF konnte kristallisiert und die Röntgenkristallstruktur mit einer Auflösung von 2,1 Å aufgeklärt werden. Damit wurde erstmalig die Struktur einer *N*-Oxygenase gelöst. Das Protein liegt als Homodimer vor. Die Messung der anormalen Diffraktion für Eisen- und Manganatome ergab zweifelsfrei einen binuklearen Mangan-Cluster in jeder AurF-Untereinheit. Damit wurde auch erstmalig die Struktur einer binuklearen manganabhängigen Monooxygenase beschrieben.

8. Mutageneseexperimente bestätigten sowohl die Metallkoordinationssphäre des Enzyms als auch eine Induced-Fit-Substratbindung. Eine Konformationsänderung von AurF bei Substratzugabe wurde auch über Zirkulardichroismus-Messungen nachgewiesen. Darüber hinaus wurde durch die Mutation einzelner Aminosäuren die Enzymaktivität um ein Mehrfaches erhöht.

9. Aus der Gesamtheit der Ergebnisse konnte in Analogie zu binuklearen Eisen-Monooxygenasen ein radikalischer Mechanismus formuliert und ein räumliches Funktionsmodell erstellt werden.

Insgesamt wurde mit AurF der erste Vertreter einer neuen Enzymsubklasse charakterisiert, es wurden grundsätzliche Erkenntnisse zur Biosynthese von Nitrogruppen gewonnen und innovative Möglichkeiten für die Biokatalyse eröffnet.

Abkürzungen

A	Absorptionseinheiten, ohne Einheit [1]	CD	Zirkulardichroismus
Å	Ångström	CIP	Clean in Place
AAC	Anionenaustauschchromatographie	CPO-P	Chlorperoxidase aus Pyrrolnitrin-Gencluster
AFF	Affinitätschromatographie	CV	Säulenvolumen/-ina
AMO	Ammoniumoxygenase	deiNOS	*Deinococcus radiodurans*-NOS
amp	Ampicillin	DIN	Deutsche Industrienorm
AOB	Ammonium-oxidierende Bakterien	DMSO	Dimethylsulfoxid
APS	Ammoniumperoxodisulfat	DNA	Desoxyribonukleinsäure
AS	Aminosäure(n)	DTT	1,4-Dithiothreitol
ATP	Adenosintriphosphat	EDTA	Ethylendiamintetraessigsäure
AU	Absorptionseinheiten	EK	Endkonzentration
AurF	N-Oxygenase aus Aureothin-Biosynthese	EPR	Elektronenspin-Resonanz
BENZ	Benzamidin	ESR	Elektronenspin-Resonanz
cam	Chloramphenicol	ETS	Elektronentransfer-System

FAD	Flavin-Adenin-Dinukleotid	HK	Hauptkultur
FMN	Flavin-Mononukleotid	I	bei Fluorescenz: Intensität
ESI	Elektrospray-Ionisation	IAA	Iodacetamid
FPLC	Fast Protein Liquid Chromatography	ICP	Inductively Coupled Plasma
g	Gramm	IEF	Isoelektrische Fokussierung
g	bei ESR: g-Wert	IPTG	Isopropyl-β-D-thiogalactopyranosid
g	bei Zentrifugation: Relative Zentrifugalbeschleunigung (rcf)	k_{cat}	Molekulare Aktivität, "Turnover Number"
G	Gauss	K_m	Michaeliskonstante, Halbsättigungskonzentration
GF	Gelfiltration		
h	Stunde(n)	kV	Kilovolt
HAO	Hydroxylaminooxygenase	l	Liter
		LB	Luria-Bertani(-Medium)
HCCA	α-Cyano-4-hydroxyzimtsäure	LC	Flüssig-Chromatographie
HCDC	Hochzelldichte-Kultivierung	M	Molar
		m/v	Masse/Volumen
HEPES	2-[4-(2-Hydroxyethyl)-1-piperazinyl]-ethansulfonsäure	MAD	Multiwavelength anomalous diffraction

MALDI	Matrix Assisted Laser Desorption Ionisation	NOR	Nitritoxidoreduktase
		NOS	NO-Synthase
mg	Milligramm		
		NS	Nukleinsäure(n)
min	Minute(n)		
		OES	Optical Emission Spectroscopy
ml	Milliliter; µl $\widehat{=}$ Mikroliter		
		OD_{600}	Optische Dichte bei 600 nm
mM	Millimolar; µM $\widehat{=}$ mikromolar		
		ORF	Offener Leserahmen
MMO	Methan-Monooxygenase		
		pI	Isoelektrischer Punkt
MMOH	MMO-Hydroxylase	PABA	*para*-Aminobenzoat
MMOR	MMO-Reduktase	PAGE	Polyacrylamid-Gelelektrophorese
MMOB	MMO-Komponente B		
MS	Massenspektrometrie	PBS	Phosphatpuffer-System
MW	Molekulargewicht	PCR	Polymerasekettenreaktion
NAD	Nicotinsäureamid-Adenin-Dinucleotid	PES	Polyethersulfon
NADP	Nicotinsäureamid-Adenosin-Dinucleotid-Phosphat	PHABA	*para*-Hydroxylamino-benzoat
		PKS	Polyketidsynthase
NO	Stickstoff-Monoxid		
		PNBA	*para*-Nitrobenzoat
NOB	Nitritoxidierende Bakterien		
		pO_2	Sauerstoff-Partialdruck

PrnD	N-Oxygenase aus Pyrrolnitrin-Biosynthese	Tris	Tris(hydroxymethyl)-aminomethan
ppm	Parts per Million	TrpRS II	Tryptophan-tRNA-Synthase II
RNR	Ribonukleotidreduktase(n)	tsr	Thiostrepton
s	Sekunde(n)	UpM	Umdrehungen pro Minute
SeMet	Seleno-Methionin		
SDS	Natriumdodecylsulfat	UV	Ultraviolettes Licht
SOD	Superoxid-Dismutase	V	Volt
TAE	Tris/Eisessig/EDTA(-Puffer)	v/v	Volumen/Volumen
TxtAB	Thaxtomin-Synthetase	VIS	Sichtbares Licht
TCEP	Tris(2-carboxy)ethylphosphin	VK	Vorkultur
TEMED	N,N,N',N'-Tetramethyl-ethylendiamin	v_{max}	Maximale Reaktionsgeschwindigkeit
TFA	Trifluoressigsäure	Xa	Faktor Xa-Protease
TNT	Trinitrotoluol	X-Gal	5-Brom-4-chlor-3-indoxyl-β-D-galactopyranosid
TOF	Time Of Flight		
tRNA	Transfer-Ribonukleinsäure		

Literatur

[1] SMITH R.M., JOSLYN D.A., GRUHZIT O.M., MCLEAN I.W., PENNER M.A. und EHRLICH J.: Chloromycetin: Biological studies. *J Bacteriol*, 55(3), 425–448, 1948

[2] RÖSSNER E., ZEECK A. und KÖNIG W.A.: Elucidation of the structure of hormaomycin. *Angew Chem Int Ed Engl*, 29(1), 64–65, 1990

[3] BRANDL M., KOZHUSHKOV S.I., ZLATOPOLSKIY B.D., ALVERMANN P., GEERS B., ZEECK A. und DE MEIJERE A.: The biosynthesis of 3-(trans-2-nitrocyclopropyl)alanine, a constituent of the signal metabolite hormaomycin. *Eur J Org Chem*, 2005(1), 123–135, 2005

[4] GANGULY A.K.: Ziracin, a novel oligosaccharide antibiotic. *J Antibiot*, 53(10), 1038–1044, 2000

[5] COSYNS J.P.: Aristolochic acid and 'chinese herbs nephropathy': A review of the evidence to date. *Drug Saf*, 26(1), 33–48, 2003

[6] LANG M., SPITELLER P., HELLWIG V. und STEGLICH W.: Stephanosporin, a "traceless" precursor of 2-chloro-4-nitrophenol in the gasteromycete *Stephanospora caroticolor*. *Angew Chem Int Ed Engl*, 40(9), 1704–1705, 2001

[7] CARTER G.T., NIETSCHE J.A., GOODMAN J.J., TORREY M.J., DUNNE T.S., SIEGEL M.M. und BORDERS D.B.: Direct biochemical nitration in the biosynthesis of dioxapyrrolomycin. A unique mechanism for the introduction of nitro groups in microbial products. *J Chem Soc, Chem Commun*, 1271–1273, 1989

[8] WANG X.K., ZHAO Y.R., ZHAO T.F., LAI S. und CHE C.T.: 1-nitroaknadinine from *Stephania sutchuenensis*. *Phytochemistry*, 35(1), 263–265, 1993

[9] KERS J.A., WACH M.J., KRASNOFF S.B., WIDOM J., CAMERON K.D., BUKHALID R.A., GIBSON D.M., CRANE B.R. und LORIA R.: Nitration of a peptide phytotoxin by bacterial nitric oxide synthase. *Nature*, 429(6987), 79–82, 2004

[10] MOROZ L.L.: Gaseous transmission across time and species. *Am Zool*, 41(2), 304–320, 2001

[11] BUDDHA M.R., TAO T., PARRY R.J. und CRANE B.R.: Regioselective nitration of tryptophan by a complex between bacterial nitric-oxide synthase and tryptophanyl-trna synthetase. *J Biol Chem*, 279(48), 49567–49570, 2004

[12] HEALY F.G., KRASNOFF S.B., WACH M., GIBSON D.M. und LORIA R.: Involvement of a cytochrome P450 monooxygenase in thaxtomin A biosynthesis by *Streptomyces acidiscabies*. *J Bacteriol*, 184(7), 2019–2029, 2002

[13] CORBETT M.D., CHIPKO B.R. und BATCHELOR A.O.: The action of chloride peroxidase on 4-chloroaniline. N-oxidation and ring halogenation. *Biochem J*, 187(3), 893–903, 1980

[14] ITOH N., MORINAGA N. und KOUZAI T.: Oxidation of aniline to nitrobenzene by nonheme bromoperoxidase. *Biochem Mol Biol Int*, 29(4), 785–791, 1993

[15] KIRNER S. und VAN PÉE K.H.: Biosynthese von Nitroverbindungen: Die enzymatische Oxidation einer Vorstufe mit Aminogruppe zu Pyrrolnitrin. *Angew Chem*, 106(3), 346–347, 1994

[16] HAMMER P.E., HILL D.S., LAM S.T., VAN PÉE K.H. und LIGON J.M.: Four genes from *Pseudomonas fluorescens* that encode the biosynthesis of pyrrolnitrin. *Appl Environ Microbiol*, 63(6), 2147–2154, 1997

[17] KIRNER S., HAMMER P.E., HILL D.S., ALTMANN A., FISCHER I., WEISLO L.J., LANAHAN M., VAN PÉE K.H. und LIGON J.M.: Functions encoded by pyrrolnitrin biosynthetic genes from *Pseudomonas fluorescens*. *J Bacteriol*, 180(7), 1939–1943, 1998

[18] KIRNER S., KRAUSS S., SURY G., LAM S.T., LIGON J.M. und VAN PÉE K.H.: The non-haem chloroperoxidase from *Pseudomonas fluorescens* and its relationship to pyrrolnitrin biosynthesis. *Microbiology*, 142(8), 2129–2135, 1996

[19] STEGLICH W., FUGMANN B. und LANG-FUGMANN S.: *Roempp Encyclopedia of Natural Products*. Thieme, Stuttgart, 2002

[20] WINOGRADSKY S.: Recherches sur les organismes de la nitrification. *C R Acad Sci*, 110, 1013–1016, 1890

[21] BROCK T.D.: Milestones in microbiology: 1556 to 1940. *ASM Press*, 231–233, 1998

[22] COSTA E., PEREZ J. und KREFT J.U.: Why is metabolic labour divided in nitrification? *Trends Microbiol*, 14(5), 213–219, 2006

[23] CANDLISH E., LA CROIX J. und UNRAU A.M.: The biosynthesis of 3-nitropropionic acid in creeping indigo (*Indigofera spicata*). *Biochemistry*, 8(1), 182–186, 1969

[24] DOXTADER K.G. und ALEXANDER M.: Role of 3-nitropropanoic acid in nitrate formation by *Aspergillus flavus*. *J Bacteriol*, 91(3), 1186–1191, 1966

[25] HYLIN J.W. und MATSUMOTO H.: The biosynthesis of 3-nitropropanoic acid by *Penicillium atrovenetum*. *Arch Biochem Biophys*, 93, 542–545, 1961

[26] CARTER C.L. und MCCHESNEY W.J.: Hiptagenic acid identified as β-nitropropionic acid. *Nature*, 164, 575–576, 1949

[27] BAXTER R.L., HANLEY A.B., CHAN H.W.S., GREENWOOD S.L., ABBOT E.M., MCFARLANE I.J. und MILNE K.: Fungal biosynthesis of 3-nitropropanoic acid. *J Chem Soc, Perkin Trans 1*, 2495–2502, 1992

[28] BAXTER R.L. und GREENWOOD S.L.: Application of the 18O isotope shift in 15N nmr spectra to a biosynthetic problem: Experimental evidence for the origin of the nitro group oxygen atoms of 3-nitropropanoic acid. *J Chem Soc, Chem Commun*, 175–176, 1986

[29] HE J., MAGARVEY N., PIRAEE M. und VINING L.C.: The gene cluster for chloramphenicol biosynthesis in *Streptomyces venezuelae* ISP5230 includes novel shikimate pathway homologues and a monomodular non-ribosomal peptide synthetase gene. *Microbiology*, 147(10), 2817–2829, 2001

[30] ARIMA K., IMANAKA H., KOUSAKA M., FUKUDA A. und TAMURA G.: Studies on pyrrolnitrin, a new antibiotic. I. Isolation and properties of pyrrolnitrin. *J Antibiot*, 18(5), 201–204, 1965

[31] ARIMA K., IMANAKA H., KOUSAKA M., FUKUDA A. und TAMURA G.: Pyrrolnitrin, a new antibiotic substance, produced by *Pseudomonas*. *Agric Biol Chem*, 28, 575–576, 1964

[32] LEE J., SIMURDIAK M. und ZHAO H.: Reconstitution and characterization of aminopyrrolnitrin oxygenase, a rieske N-oxygenase that catalyzes unusual arylamine oxidation. *J Biol Chem*, 280(44), 36719–36727, 2005

[33] OKAMI Y.: *Classification of the antagonistic ray fungi of Japan of the family Streptomycetaceae (in Japanese)*. Dissertation, Hokkaido University, 1952

[34] EUZÉBY, J.P.: *Streptoverticillium Baldacci 1958, genus: Streptoverticillium thioluteum (Okami 1952) Baldacci et al. 1966, species*
URL http://www.bacterio.cict.fr/s/streptoverticillium.html

[35] BALDACCI E., FARINA G. und LOCCI R.: Emendation of the genus *Streptoverticillium* Baldacci (1958) and revision of some species. *Giornale di Microbiologia*, 14, 153–171, 1966

[36] SKERMAN V.B.D., MCGOWAN V. und SNEATH P.H.A.: Approved lists of bacterial names. *Int J Syst Bacteriol*, 30, 225–420, 1980

[37] WITT D. und STACKEBRANDT E.: Unification of the genera *Streptoverticillum* and *Streptomyces*, and emendation of *Streptomyces* Waksman and Henrici 1943, 339 super(AL). *Syst Appl Microbiol*, 13(4), 361–371, 1990

[38] SCHWARTZ J.L., TISHLER M., ARISON B.H., SHAFER H.M. und OMURA S.: Identification of mycolutein and pulvomycin as aureothin and labilomycin respectively. *J Antibiot*, 29(3), 236–241, 1976

[39] WASHIZU F., UMEZAWA H. und SUGIYAMA N.: Chemical studies on a toxic product of *Streptomyces thioluteus*, aureothin. *J Antibiot*, 7(2), 1954

[40] HIRATA Y., NAKATA H., YAMADA K., OKUHARA K. und NAITO T.: The structure of aureothin, a nitro compound obtained from *Streptomyces thioluteus*. *Tetrahedron*, 14(3-4), 252–274, 1961

[41] KAWAI S., KOBAYASHI K., OSHIMA T. und EGAMI F.: Studies on the oxidation of *p*-aminobenzoate to *p*-nitrobenzoate by *Streptomyces thioluteus*. *Arch Biochem Biophys*, 112(3), 537–543, 1965

[42] KAWAI S., OSHIMA T. und EGAMI F.: On the oxidation of p-aminobenzoate to p-nitrobenzoate by Streptomyces thioluteus. Biochim Biophys Acta, 97, 391–393, 1965

[43] KAWAI S., OSHIMA T. und EGAMI F.: Incorporation of oxygen atoms from molecular oxygen into the nitro group of p-nitrobenzoate by Streptomyces thioluteus. Biochim Biophys Acta, 104(1), 1965

[44] CARDILLO R., FUGANTI C., GHIRINGHELLI D., GIANGRASSO D. und GRASSELLI P.: On the biological origin of the nitroaromatic unit of the antibiotic aureotine. Tetrahedron Lett, 13(48), 4875–4878, 1972

[45] HE J. und HERTWECK C.: Iteration as programmed event during polyketide assembly; molecular analysis of the aureothin biosynthesis gene cluster. Chem Biol, 10(12), 1225–1232, 2003

[46] HE J. und HERTWECK C.: Biosynthetic origin of the rare nitroaryl moiety of the polyketide antibiotic aureothin: involvement of an unprecedented N-oxygenase. J Am Chem Soc, 126(12), 3694–3695, 2004

[47] HE J., MÜLLER M. und HERTWECK C.: Formation of the aureothin tetrahydrofuran ring by a bifunctional cytochrome P450 monooxygenase. J Am Chem Soc, 126(51), 16742–16743, 2004

[48] ZIEHL M., HE J., DAHSE H.M. und HERTWECK C.: Mutasynthesis of aureonitrile: An aureothin derivative with significantly improved cytostatic effect. Angew Chem Int Ed Engl, 44(8), 1202–1205, 2005

[49] SCHRÖTER W., LAUTENSCHLÄGER K.H. und BIBRACK H.: Taschenbuch der Chemie. Verlag Harri Deutsch, Thun und Frankfurt am Main, 17. Ausgabe, 1995

[50] KLINMAN J.P.: Life as aerobes: Are there simple rules for activation of dioxygen by enzymes? *J Biol Inorg Chem*, 6(1), 1–13, 2001

[51] URICH T., BANDEIRAS T.M., LEAL S.S., RACHEL R., ALBRECHT T., ZIMMERMANN P., SCHOLZ C., TEIXEIRA M., GOMES C.M. und KLETZIN A.: The sulphur oxygenase reductase from *Acidianus ambivalens* is a multimeric protein containing a low-potential mononuclear non-haem iron centre. *Biochem J*, 381(1), 137–146, 2004

[52] URICH T., GOMES C.M., KLETZIN A. und FRAZAO C.: X-ray structure of a self-compartmentalizing sulfur cycle metalloenzyme. *Science*, 311(5763), 996–1000, 2006

[53] SARIASLANI F.S.: Microbial enzymes for oxidation of organic molecules. *Crit Rev Biotechnol*, 9(3), 171–257, 1989

[54] FETZNER S.: Oxygenases without requirement for cofactors or metal ions. *Appl Microbiol Biotechnol*, 60(3), 243–257, 2002

[55] HARAYAMA S., KOK M. und NEIDLE E.L.: Functional and evolutionary relationships among diverse oxygenases. *Annu Rev Microbiol*, 46, 565–601, 1992

[56] BUGG T.D.: Oxygenases: mechanisms and structural motifs for O(2) activation. *Curr Opin Chem Biol*, 5(5), 550–555, 2001

[57] FISCHER M. und BACHER A.: Biosynthesis of flavocoenzymes. *Nat Prod Rep*, 22(3), 324–350, 2005

[58] MEWIES M., MCINTIRE W.S. und SCRUTTON N.S.: Covalent attachment of flavin adenine dinucleotide (FAD) and flavin mononucleotide (FMN) to enzymes: the current state of affairs. *Protein Sci*, 7(1), 7–20, 1998

[59] HEFTI M.H., VERVOORT J. und VAN BERKEL W.J.: Deflavination and reconstitution of flavoproteins. *Eur J Biochem*, 270(21), 4227–4242, 2003

[60] MASSEY V.: Activation of molecular oxygen by flavins and flavoproteins. *J Biol Chem*, 269(36), 22459–22462, 1994

[61] KAPPOCK T.J. und CARADONNA J.P.: Pterin-dependent amino acid hydroxylases. *Chem Rev*, 96(7), 2659–2756, 1996

[62] SONO M., ROACH M., COULTER E. und DAWSON J.: Heme-containing oxygenases. *Chem Rev*, 96(7), 2841–2888, 1996

[63] EMBL-EBI, Internetseite: *RESID Database*,
URL http://srs.ebi.ac.uk

[64] DEGTYARENKO K.N. und KULIKOVA T.A.: Evolution of bioinorganic motifs in P450-containing systems. *Biochem Soc Trans*, 29(Pt 2), 139–147, 2001

[65] NELSON, D.: *Cytochrome P450 Homepage*
URL http://drnelson.utmem.edu/Cytochromep450.html

[66] PYLYPENKO O. und SCHLICHTING I.: Structural aspects of ligand binding to and electron transfer in bacterial and fungal P450s. *Annu Rev Biochem*, 73, 991–1018, 2004

[67] ELANGO N., RADHAKRISHNAN R., FROLAND W.A., WALLAR B.J., EARHART C.A., LIPSCOMB J.D. und OHLENDORF D.H.: Crystal structure of the hydroxylase component of methane monooxygenase from *Methylosinus trichosporium* OB3b. *Protein Sci*, 6(3), 556–568, 1997

[68] ROSENZWEIG A.C., NORDLUND P., TAKAHARA P.M., FREDERICK C.A. und LIPPARD S.J.: Geometry of the soluble methane monooxygenase catalytic diiron center in two oxidation states. *Chem Biol*, 2(6), 409–418, 1995

[69] RCSB, Internetseite: *PDB Protein Data Bank*
URL http://www.pdb.org

[70] HOLM R.H., KENNEPOHL P. und SOLOMON E.I.: Structural and functional aspects of metal sites in biology. *Chem Rev*, 96(7), 2239–2314, 1996

[71] RYLE M.J. und HAUSINGER R.P.: Non-heme iron oxygenases. *Curr Opin Chem Biol*, 6(2), 193–201, 2002

[72] QUE L. und HO R.Y.: Dioxygen activation by enzymes with mononuclear non-heme iron active sites. *Chem Rev*, 96(7), 2607–2624, 1996

[73] SOLOMON E.I., SUNDARAM U.M. und MACHONKIN T.E.: Multicopper oxidases and oxygenases. *Chem Rev*, 96(7), 2563–2606, 1996

[74] SUGIO S., HIRAOKA B.Y. und YAMAKURA F.: Crystal structure of cambialistic superoxide dismutase from *Porphyromonas gingivalis*. *Eur J Biochem*, 267(12), 3487–3495, 2000

[75] VETTING M.W., WACKETT L.P., QUE L., LIPSCOMB J.D. und OHLENDORF D.H.: Crystallographic comparison of manganese- and iron-dependent homoprotocatechuate 2,3-dioxygenases. *J Bacteriol*, 186(7), 1945–1958, 2004

[76] SCHATZ G.: Mighty manganese. *FEBS Letters*, 551(1-3), 1–2, 2003

[77] HARDING M.M.: The architecture of metal coordination groups in proteins. *Acta Crystallogr D Biol Crystallogr*, 60(5), 849–859, 2004

[78] FRERICHS-DEEKEN U., RANGUELOVA K., KAPPL R., HÜTTERMANN J. und FETZNER S.: Dioxygenases without requirement for cofactors and their chemical model reaction: compulsory order ternary complex mechanism of 1H-3-hydroxy-4-oxoquinaldine 2,4-dioxygenase involving general base catalysis by histidine 251 and single-electron oxidation of the substrate dianion. *Biochemistry*, 43(45), 14485–14499, 2004

[79] WALLAR B.J. und LIPSCOMB J.D.: Dioxygen activation by enzymes containing binuclear non-heme iron clusters. *Chem Rev*, 96(7), 2625–2658, 1996

[80] RAPOPORT S.M., SCHEWE T., WIESNER R., HALANGK W., LUDWIG P., JANICKE-HÖHNE M., TANNERT C., HIEBSCH C. und KLATT D.: The lipoxygenase of reticulocytes. Purification, characterization and biological dynamics of the lipoxygenase; its identity with the respiratory inhibitors of the reticulocyte. *Eur J Biochem*, 96(3), 545–561, 1979

[81] STRAATHOF A.J., PANKE S. und SCHMID A.: The production of fine chemicals by biotransformations. *Curr Opin Biotechnol*, 13(6), 548–556, 2002

[82] FABER K.: *Biotransformations in Organic Chemistry: A Textbook*. Springer, 2004

[83] BRUGGINK A., STRAATHOF A.J. und VAN DER WIELEN L.A.: A 'fine' chemical industry for life science products: Green solutions to chemical challenges. *Adv Biochem Eng Biotechnol*, 80, 69–113, 2003

[84] JAS G. und KIRSCHNING A.: Continuous flow techniques in organic synthesis. *Chemistry*, 9(23), 5708–5723, 2003

[85] URLACHER V. und SCHMID R.D.: Biotransformations using prokaryotic p450 monooxygenases. *Curr Opin Biotechnol*, 13(6), 557–564, 2002

[86] URLACHER V.B., LUTZ-WAHL S. und SCHMID R.D.: Microbial P450 enzymes in biotechnology. *Appl Microbiol Biotechnol*, 64(3), 317–325, 2004

[87] TISHKOV V.I. und POPOV V.O.: Catalytic mechanism and application of formate dehydrogenase. *Biochemistry (Mosc)*, 69(11), 1252–1267, 2004

[88] SEELBACH K., RIEBEL B., HUMMEL W., KULA M.R., TISHKOV V.I., EGOROV A.M., WANDREY C. und KRAGL U.: A novel, efficient regenerating method of NADPH using a new formate dehydrogenase. *Tetrahedron Lett*, 37(9), 1377–1380, 1996

[89] HE J. und HERTWECK C.: „Amino-Oxidase" aus *Streptomyces thioluteus*. Patent 103 35 4476, 2003

[90] HORN U., STRITTMATTER W., KREBBER A., KNÜPFER U., KUJAU M., WENDEROTH R., MÜLLER K., MATZKU S., PLÜCKTHUN A. und RIESENBERG D.: High volumetric yields of functional dimeric miniantibodies in *Escherichia coli*, using an optimized expression vector and high-cell-density fermentation under non-limited growth conditions. *Appl Microbiol Biotechnol*, 46(5-6), 524–532, 1996

[91] Eppendorf, Manual: *TripleMaster PCR System*, 2002
URL http://www.eppendorf.com

[92] HE J.: *Molecular Analysis of the Aureothin Biosynthesis Gene Cluster from Streptomyces thioluteus HKI-227; New Insights into Polyketide Assembly*. Dissertation, Friedrich-Schiller-Universität Jena, 2004

[93] VAN DESSEL W., VAN MELLAERT L., GEUKENS N. und ANNE J.: Improved PCR-based method for the direct screening of *Streptomyces* transformants. *J Microbiol Methods*, 53(3), 401–403, 2003

[94] Qbiogene, Manual: *PCR Polymerase Overview*, 2005
URL http://www.qbiogene.com/literature/2005catalogPDF/02.1-qbiocat2005-US.pdf

[95] KIESER T., BIBB M.J., BUTTNER M.J., CHATER K.F. und HOPWOOD D.A.: *Practical streptomyces genetics*. John Innes Foundation, 2000

[96] SAMBROOK J., RUSSELL D.W. und SAMBROOK J.: *Molecular Cloning: A Laboratory Manual (3-Volume Set)*. Cold Spring Harbor Laboratory Press, 2001

[97] Amersham, Internetseite: *GFX PCR DNA and Gel Band Purification Kit*
URL http://www4.amershambiosciences.com

[98] Promega, Internetseite: *pGEM T and pGEM T easy*
URL http://www.promega.com/vectors/t_vectors.htm

[99] THOMPSON C.J., KIESER T., WARD J.M. und HOPWOOD D.A.: Physical analysis of antibiotic-resistance genes from *Streptomyces* and their use in vector construction. *Gene*, 20(1), 51–62, 1982

[100] HANAHAN D.: Studies on transformation of *Escherichia coli* with plasmids. *J Mol Biol*, 166(4), 557–580, 1983

[101] Stratagene, Manual: *XL1-Blue Subcloning-Grade Competent Cells*, 2004

[102] Stratagene, Manual: *BL21(DE3) Competent Cells*, 2006
URL http://www.stratagene.com

[103] Stratagene, Manual: *BL21-CodonPlus Competent Cells*, 2005
URL http://www.stratagene.com

[104] Novagen, Manual: *Competent Cells*, 2006
URL http://www.merckbiosciences.co.uk/docs/docs/LIT/220006_MEUR.pdf

[105] ZHOU X., DENG Z., FIRMIN J.L., HOPWOOD D.A. und KIESER T.: Site-specific degradation of *Streptomyces lividans* DNA during electrophoresis in buffers contaminated with ferrous iron. *Nucleic Acids Res*, 16(10), 4341–4352, 1988

[106] MATSELIUKH A.B.: Genetic transformation of *Streptomyces globisporus strain 1912*: Restriction barrier and plasmid compatibility. *Mikrobiol Z*, 63(1), 15–22, 2001

[107] Invitrogen, Internetseite: *pRSET A,B,C*, 2006
URL http://www.invitrogen.com

[108] NEB, Manual: *pMAL Protein Fusion and Purifiation System*, 2006

[109] RICHTER M.: *Untersuchung zur Substratspezifität von AurF, einer nitrobildenden N-oxygenase aus Streptomyces thioluteus*. Diplomarbeit, Friedrich-Schiller-Universität Jena, 2005

[110] ExPASy, Internetseite: *ExPASy Proteomics Server*
URL http://www.expasy.org/

[111] FERRER M., CHERNIKOVA T.N., YAKIMOV M.M., GOLYSHIN P.N. und TIMMIS K.N.: Chaperonins govern growth of *Escherichia coli* at low temperatures. *Nat Biotechnol*, 21(11), 1266–1267, 2003

[112] Qiagen, Manual: *Factor Xa Protease*, 2001

[113] Qiagen, Manual: *The QIAexpressionist: Factor Xa treatment of fusion proteins containing a Factor Xa Protease recognition sequence*, 2003

[114] DOUBLIÉ S., KAPP U., ABERG A., BROWN K., STRUB K. und CUSACK S.: Crystallization and preliminary X-ray analysis of the 9 kDa protein of the mouse signal recognition particle and the selenomethionyl-SRP9. *FEBS Lett*, 384(3), 219–221, 1996

[115] YAMAKURA F., KOBAYASHI K., UE H. und KONNO M.: The pH-dependent changes of the enzymic activity and spectroscopic properties of iron-substituted manganese superoxide dismutase. A study on the metal-specific activity of Mn-containing superoxide dismutase. *Eur J Biochem*, 227(3), 700–706, 1995

[116] VANCE C.K. und MILLER A.F.: Spectroscopic comparisons of the pH dependencies of Fe-substituted (Mn)superoxide dismutase and Fe-superoxide dismutase. *Biochemistry*, 37(16), 5518–5527, 1998

[117] Roth, Laborfachhandel: *Dialysierschläuche Visking, technische Information*, 2000

[118] LINDSAY R.M., MCLAREN A.M. und BATY J.D.: Reversed-phase high-performance liquid chromatographic assay for the determination of the in vitro acetylation of *p*-aminobenzoic acid by human whole blood. *J Chromatogr*, 433, 292–297, 1988

[119] SHEVCHENKO A., WILM M., VORM O. und MANN M.: Mass spectrometric sequencing of proteins silver-stained polyacrylamide gels. *Anal Chem*, 68(5), 850–858, 1996

[120] Pierce, Manual: *PepClean C-18 Spin Columns*, 2004

[121] *Herstellung von Pufferlösungen,*
URL http://www.chemie.tu-darmstadt.de/Fachgebiete/BC/prak/versuche/puffer.pdf

[122] DAWSON R.M.C., ELLIOT D.C., ELLIOT W.H. und JONES K.M.: *Data for Biochemical Research.* Oxford Science Publications, 1984

[123] LÖFFLER G., PETRIDES P.E., WEISS L. und HARPER H.A. (Hrsg.): *Physiologische Chemie.* Springer Verlag, Berlin, Heidelberg, New York, 3. Ausgabe, 1985

[124] ESR@NIEHS/NIH, Internetseite: *P.E.S.T.: Public EPR Software Tools*
URL http://epr.niehs.nih.gov/pest.html

[125] Merck, Protokoll: *Eisen-Test, Art. 1.00796.0001,* 2000

[126] Merck, Protokoll: *Mangan-Küvettentest, Art. 1.00816.0001,* 2005

[127] ZOCHER G.: *Kristallstrukturanalyse einer p-Aminobenzoesäure N-Oxygenase und einer O-Acetylserin Sulfhydrylase, sowie Expression, Reinigung und Kristallisation einer 14,15-Oxidogeranylgeranyldiphosphat Cyclase.* Dissertation, Albert-Ludwigs-Universität Freiburg, 2007

[128] ZOCHER G., WINKLER R., HERTWECK C. und SCHULZ G.E.: Structure and action of the N-oxygenase AurF from *Streptomyces thioluteus. J Mol Biol, im Druck,* 2007

[129] *PyMOL Home Page,*
URL http://pymol.sourceforge.net/

[130] BÖHM G., MUHR R. und JAENICKE R.: Quantitative analysis of protein far UV circular dichroism spectra by neural networks. *Protein Eng,* 5(3), 191–195, 1992

[131] BAUER H. und ROSENTHAL S.M.: 4-Hydroxylaminobenzenesulfonamide, its acetyl derivatives and diazotization reaction. *J Am Chem Soc*, 66(4), 611–614, 1944

[132] BARNES W.M.: The fidelity of Taq polymerase catalyzing PCR is improved by an N-terminal deletion. *Gene*, 112(1), 29–35, 1992

[133] CARIELLO N.F., SWENBERG J.A. und SKOPEK T.R.: Fidelity of *Thermococcus litoralis* DNA polymerase (Vent) in PCR determined by denaturing gradient gel electrophoresis. *Nucleic Acids Res*, 19(15), 4193–4198, 1991

[134] FIRST, E. UND HENGEN, P.: *Error Rates for Thermal Resistant DNA Polymerases*
URL http://wheat.pw.usda.gov/~lazo/methods/101/taq-errors.html

[135] KEOHAVONG P. und THILLY W.G.: Fidelity of DNA polymerases in DNA amplification. *Proc Natl Acad Sci U S A*, 86(23), 9253–9257, 1989

[136] LING L.L., KEOHAVONG P., DIAS C. und THILLY W.G.: Optimization of the polymerase chain reaction with regard to fidelity: Modified T7, Taq, and vent DNA polymerases. *PCR Methods Appl*, 1(1), 63–69, 1991

[137] LUNDBERG K.S., SHOEMAKER D.D., ADAMS M.W., SHORT J.M., SORGE J.A. und MATHUR E.J.: High-fidelity amplification using a thermostable DNA polymerase isolated from *Pyrococcus furiosus*. *Gene*, 108(1), 1–6, 1991

[138] TINDALL K.R. und KUNKEL T.A.: Fidelity of DNA synthesis by the *Thermus aquaticus* DNA polymerase. *Biochemistry*, 27(16), 6008–6013, 1988

[139] MARANGONI A.G.: *Enzyme Kinetics : A Modern Approach.* Wiley-Interscience, 2002

[140] CHMIEL H. (Herausgeber): *Bioprozeßtechnik I. Einführung in die Bioverfahrenstechnik.* UTB für Wissenschaft, 1991

[141] HOLTZHAUER M.: *Methoden in der Proteinanalytik.* Springer, 1996

[142] LOTTSPEICH F. und ZORBAS H.: *Bioanalytik.* Spektrum Akademischer Verlag, 1998

[143] VISSER A.J., GHISLA S., MASSEY V., MÜLLER F. und VEEGER C.: Fluorescence properties of reduced flavins and flavoproteins. *Eur J Biochem*, 101(1), 13–21, 1979

[144] SUN M., MOORE T.A. und SONG P.S.: Molecular luminescence studies of flavins. I. The excited states of flavins. *J Am Chem Soc*, 94(5), 1730–1740, 1972

[145] OMCL - Oregon Medical Laser Center, Internetseite: *PhotochemCAD Spectra by Category*
URL http://omlc.ogi.edu/spectra/PhotochemCAD/html/

[146] SIMURDIAK M., LEE J. und ZHAO H.: A new class of arylamine oxygenases: Evidence that *p*-aminobenzoate *N*-oxygenase (AurF) is a di-iron enzyme and further mechanistic studies. *Chembiochem*, 7(8), 1169–1172, 2006

[147] YANG J.T., WU C.S. und MARTINEZ H.M.: Calculation of protein conformation from circular dichroism. *Methods Enzymol*, 130, 208–269, 1986

[148] SREERAMA N. und WOODY R.W.: Computation and analysis of protein circular dichroism spectra. *Methods Enzymol*, 383, 318–351, 2004

[149] HENDRICKSON W.A., HORTON J.R. und LEMASTER D.M.: Selenomethionyl proteins produced for analysis by multiwavelength anomalous diffraction (MAD): a vehicle for direct determination of three-dimensional structure. *EMBO J*, 9(5), 1665–1672, 1990

[150] VAN DUYNE G.D., STANDAERT R.F., KARPLUS P.A., SCHREIBER S.L. und CLARDY J.: Atomic structures of the human immunophilin FKBP-12 complexes with FK506 and rapamycin. *J Mol Biol*, 229(1), 105–124, 1993

[151] DAS S., INCARVITO C.D., CRABTREE R.H. und BRUDVIG G.W.: Molecular recognition in the selective oxygenation of saturated C-H bonds by a dimanganese catalyst. *Science*, 312(5782), 1941–1943, 2006

[152] NAKAMURA Y., GOJOBORI T. und IKEMURA T.: Codon usage tabulated from international DNA sequence databases: status for the year 2000. *Nucleic Acids Res*, 28(1), 2000

[153] *Codon Usage Database*,
URL http://www.kazusa.or.jp/codon/

[154] RUSSELL G.A. und GEELS E.G.: Paramagnetic intermediates in the condensation of nitrosobenzene and phenylhydroxylamine. *J Am Chem Soc*, 87(1), 122–123, 1965

[155] KIM I.K. und WHANG J.: Mechanism of the reduction of nitrobenzene in basic solution. *J Korean Chem Soc*, 20(1), 56–58, 1976

[156] CLAYDON N.: Insecticidal secondary metabolites from entomogenous fungi: *Entomophthora virulenta*. *J Invertebr Pathol*, 32(3), 319–324, 1978

[157] CLAYDON N. und GROVE J.F.: Metabolic products of *Entomophthora virulenta*. *J Chem Soc Perkin Trans 1*, 171–173, 1978

[158] WINKLER R. und HERTWECK C.: Sequential enzymatic oxidation of aminoarenes to nitroarenes via hydroxylamines. *Angew Chem Int Ed Engl*, 44(26), 4083–4087, 2005

[159] LEE J. und ZHAO H.: Mechanistic studies on the conversion of arylamines into arylnitro compounds by aminopyrrolnitrin oxygenase: Identification of intermediates and kinetic studies. *Angew Chem Int Ed Engl*, 45(4), 622–625, 2006

[160] SPAIN J.C.: Biodegradation of nitroaromatic compounds. *Annu Rev Microbiol*, 49, 523–555, 1995

[161] MCCORMICK N.G., FEEHERRY F.E. und LEVINSON H.S.: Microbial transformation of 2,4,6-trinitrotoluene and other nitroaromatic compounds. *Appl Environ Microbiol*, 31(6), 949–958, 1976

[162] SYMONS Z.C. und BRUCE N.C.: Bacterial pathways for degradation of nitroaromatics. *Nat Prod Rep*, 23(6), 845–850, 2006

[163] *KEGG PATHWAY Database*,
URL http://www.genome.ad.jp/kegg/pathway.html

[164] GREEN J.M. und NICHOLS B.P.: P-aminobenzoate biosynthesis in *Escherichia coli*. Purification of aminodeoxychorismate lyase and cloning of *pabC*. *J Biol Chem*, 266(20), 12971–12975, 1991

[165] BLANC V., GIL P., BAMAS-JACQUES N., LORENZON S., ZAGOREC M., SCHLEUNIGER J., BISCH D., BLANCHE F., DEBUSSCHE L., CROUZET J. und THIBAUT D.: Identification and analysis of genes from *Streptomyces pristinaespiralis* encoding enzymes involved in the biosyn-

thesis of the 4-dimethylamino-L-phenylalanine precursor of pristinamycin I. *Mol Microbiol*, 23(2), 191–202, 1997

[166] BROWN M.P., AIDOO K.A. und VINING L.C.: A role for *pabAB*, a *p*-aminobenzoate synthase gene of *Streptomyces venezuelae* ISP5230, in chloramphenicol biosynthesis. *Microbiology*, 142(6), 1345–1355, 1996

[167] CAMPELO A.B. und GIL J.A.: The candicidin gene cluster from *Streptomyces griseus* IMRU 3570. *Microbiology*, 148(1), 51–59, 2002

[168] CHEN S., HUANG X., ZHOU X., BAI L., HE J., JEONG K.J., LEE S.Y. und DENG Z.: Organizational and mutational analysis of a complete FR-008/candicidin gene cluster encoding a structurally related polyene complex. *Chem Biol*, 10(11), 1065–1076, 2003

[169] CRIADO L.M., MARTIN J.F. und GIL J.A.: The *pab* gene of *Streptomyces griseus*, encoding *p*-aminobenzoic acid synthase, is located between genes possibly involved in candicidin biosynthesis. *Gene*, 126(1), 135–139, 1993

[170] EDMAN J.C., GOLDSTEIN A.L. und ERBE J.G.: *Para*-aminobenzoate synthase gene of *Saccharomyces cerevisiae* encodes a bifunctional enzyme. *Yeast*, 9(6), 669–675, 1993

[171] HU Z., BAO K., ZHOU X., ZHOU Q., HOPWOOD D.A., KIESER T. und DENG Z.: Repeated polyketide synthase modules involved in the biosynthesis of a heptaene macrolide by *Streptomyces* sp. FR-008. *Mol Microbiol*, 14(1), 163–172, 1994

[172] ABE M., YAGI T., ITAGAKI H. und NAGAMURA T.: Photophysical properties of cytochromes c-553 and c3 extracted from *Desulfovibrio vulgaris Miyazaki*. *Journal of Photochemistry and Photobiology A: Chemistry*, 120(2), 125–133, 1999

[173] CHO H.S., SONG N.W., KIM Y.H., JEOUNG S.C., HAHN S., KIM D., KIM S.K., YOSHIDA N. und OSUKA A.: Ultrafast energy relaxation dynamics of directly linked porphyrin arrays. *J Phys Chem A*, 104(15), 3287–3298, 2000

[174] CHANG C.H., SVEDRUZIC D., OZAROWSKI A., WALKER L., YEAGLE G., BRITT R.D., ANGERHOFER A. und RICHARDS N.G.J.: EPR spectroscopic characterization of the manganese center and a free radical in the oxalate decarboxylase reaction: Identification of a tyrosyl radical during turnover. *J Biol Chem*, 279(51), 52840–52849, 2004

[175] SAMPLES C.R., HOWARD T., RAUSHEL F.M. und DEROSE V.J.: Protonation of the binuclear metal center within the active site of phosphotriesterase. *Biochemistry*, 44(33), 11005–11013, 2005

[176] KEYER K. und IMLAY J.A.: Superoxide accelerates DNA damage by elevating free-iron levels. *Proc Natl Acad Sci USA*, 93(24), 13635–13640, 1996

[177] ROGERS P.A. und DING H.: L-cysteine-mediated destabilization of dinitrosyl iron complexes in proteins. *J Biol Chem*, 276(33), 30980–30986, 2001

[178] YANG A.S. und GAFFNEY B.J.: Determination of relative spin concentration in some high-spin ferric proteins using E/D-distribution in electron paramagnetic resonance simulations. *Biophys J*, 51(1), 55–67, 1987

[179] DISMUKES G.C.: Manganese enzymes with binuclear active sites. *Chem Rev*, 96(7), 2909–2926, 1996

[180] KANYO Z.F., SCOLNICK L.R., ASH D.E. und CHRISTIANSON D.W.: Structure of a unique binuclear manganese cluster in arginase. Nature, 383(6600), 554–557, 1996

[181] GADE L.H.: Koordinationschemie. VCH Verlagsgesellschaft mbH, 1998

[182] FOX B.G., SHANKLIN J., AI J., LOEHR T.M. und SANDERS-LOEHR J.: Resonance Raman evidence for an Fe-O-Fe center in stearoyl-ACP desaturase. primary sequence identity with other diiron-oxo proteins. Biochemistry, 33(43), 12776–12786, 1994

[183] WHITTAKER M.M. und WHITTAKER J.W.: A glutamate bridge is essential for dimer stability and metal selectivity in manganese superoxide dismutase. J Biol Chem, 273(35), 22188–22193, 1998

[184] GERLT J.A. und BABBITT P.C.: Can sequence determine function? Genome Biol, 1(5), 2000

[185] ORMÖ M., REGNSTRÖM K., WANG Z., QUE L., SAHLIN M. und SJÖBERG B.M.: Residues important for radical stability in ribonucleotide reductase from Escherichia coli. J Biol Chem, 270(12), 6570–6576, 1995

[186] JORDAN A., PONTIS E., ATTA M., KROOK M., GIBERT, BARBE J. und REICHARD P.: A second class I ribonucleotide reductase in enterobacteriaceae: Characterization of the Salmonella typhimurium enzyme. PNAS, 91(26), 12892–12896, 1994

[187] FISCHER E.: Einfluss der Configuration auf die Wirkung der Enzyme. Ber Dt Chem Ges, 27, 2985–2993, 1894

[188] Nobelprize.org, Internetseite: *Emil Fischer - Biography*
URL http://nobelprize.org/nobel_prizes/chemistry/laureates/1902/fischer-bio.html

[189] GOODSELL D.S. und OLSON A.J.: Automated docking of substrates to proteins by simulated annealing. *Proteins*, 8(3), 195–202, 1990

[190] SOTRIFFER C.A., FLADER W., WINGER R.H., RODE B.M., LIEDL K.R. und VARGA J.M.: Automated docking of ligands to antibodies: Methods and applications. *Methods*, 20(3), 280–291, 2000

[191] KOSHLAND D.E.: Application of a theory of enzyme specificity to protein synthesis. *Proc Natl Acad Sci U S A*, 44(2), 98–104, 1958

[192] GERLT J.A. und BABBITT P.C.: Divergent evolution of enzymatic function: Mechanistically diverse superfamilies and functionally distinct suprafamilies. *Annu Rev Biochem*, 70, 209–246, 2001

[193] BORNSCHEUER U.T. und KAZLAUSKAS R.J.: Catalytic promiscuity in biocatalysis: Using old enzymes to form new bonds and follow new pathways. *Angew Chem Int Ed Engl*, 43(45), 6032–6040, 2004

[194] SKOLNICK J. und FETROW J.S.: From genes to protein structure and function: Novel applications of computational approaches in the genomic era. *Trends Biotechnol*, 18(1), 34–39, 2000

[195] NORDLUND P. und EKLUND H.: Structure and function of the *Escherichia coli* ribonucleotide reductase protein R2. *J Mol Biol*, 232(1), 123–164, 1993

[196] ERIKSSON M., JORDAN A. und EKLUND H.: Structure of *Salmonella typhimurium* nrdF ribonucleotide reductase in its oxidized and reduced forms. *Biochemistry*, 37(38), 13359–13369, 1998

[197] HÖGBOM M., STENMARK P., VOEVODSKAYA N., MCCLARTY G., GRÄSLUND A. und NORDLUND P.: The radical site in chlamydial ribonucleotide reductase defines a new R2 subclass. *Science*, 305(5681), 245–248, 2004

[198] STRAND K.R., KARLSEN S., KOLBERG M., ROHR A.K., GÖRBITZ C.H. und ANDERSSON K.K.: Crystal structural studies of changes in the native dinuclear iron center of ribonucleotide reductase protein R2 from mouse. *J Biol Chem*, 279(45), 46794–46801, 2004

[199] ROSENZWEIG A.C., BRANDSTETTER H., WHITTINGTON D.A., NORDLUND P., LIPPARD S.J. und FREDERICK C.A.: Crystal structures of the methane monooxygenase hydroxylase from *Methylococcus capsulatus* (Bath): Implications for substrate gating and component interactions. *Proteins*, 29(2), 141–152, 1997

[200] SAZINSKY M.H., BARD J., DI DONATO A. und LIPPARD S.J.: Crystal structure of the toluene/o-xylene monooxygenase hydroxylase from *Pseudomonas stutzeri* OX1. Insight into the substrate specificity, substrate channeling, and active site tuning of multicomponent monooxygenases. *J Biol Chem*, 279(29), 30600–30610, 2004

[201] LINDQVIST Y., HUANG W., SCHNEIDER G. und SHANKLIN J.: Crystal structure of δ9 stearoyl-acyl carrier protein desaturase from castor seed and its relationship to other di-iron proteins. *EMBO J*, 15(16), 4081–4092, 1996

[202] DYER D.H., LYLE K.S., RAYMENT I. und FOX B.G.: X-ray structure of putative acyl-ACP desaturase DesA2 from *Mycobacterium tuberculosis* H37Rv. *Protein Sci*, 14(6), 1508–1517, 2005

[203] COLBY J., STIRLING D.I. und DALTON H.: The soluble methane mono-oxygenase of *Methylococcus capsulatus* (Bath). Its ability to

oxygenate n-alkanes, n-alkenes, ethers, and alicyclic, aromatic and heterocyclic compounds. *Biochem J*, 165(2), 395–402, 1977

[204] FIESCHI F., TORRENTS E., TOULOKHONOVA L., JORDAN A., HELLMAN U., BARBE J., GIBERT I., KARLSSON M. und SJÖBERG B.M.: The manganese-containing ribonucleotide reductase of *Corynebacterium ammoniagenes* is a class Ib enzyme. *J Biol Chem*, 273(8), 4329–4337, 1998

[205] OKRASA K. und KAZLAUSKAS R.J.: Manganese-substituted carbonic anhydrase as a new peroxidase. *Chemistry*, 12(6), 1587–1596, 2006

[206] LINDSAY, IAMAMOTO Y. und VINHADO F.S.: Oxidation of alkanes by iodosylbenzene (PhIO) catalysed by supported Mn(III) porphyrins: Activity and mechanism. *J Mol Catal, A: Chem*, 252(1-2), 23–30, 2006

[207] DO NASCIMENTO E., DE F SILVA G., CAETANO F.A., FERNANDES M.A., DA SILVA D.C., DE CARVALHO M.E., PERNAUT J.M., REBOUCAS J.S. und IDEMORI Y.M.: Partially and fully beta-brominated Mn-porphyrins in P450 biomimetic systems: Effects of the degree of bromination on electrochemical and catalytic properties. *J Inorg Biochem*, 99(5), 1193–1204, 2005

[208] ADAM W., MOCK-KNOBLAUCH C., SAHA-MOLLER C.R. und HERDERICH M.: Are MnIV species involved in Mn(salen)-catalyzed Jacobsen-Katsuki epoxidations? A mechanistic elucidation of their formation and reaction modes by EPR spectroscopy, mass-spectral analysis, and product studies: Chlorination versus oxygen transfer. *J Am Chem Soc*, 122(40), 9685–9691, 2000

[209] CAVALLO L. und JACOBSEN H.: Radical intermediates in the Jacobsen - Katsuki epoxidation. *Angew Chem Int Ed Engl*, 39(3), 589–592, 2000

[210] LINKER T.: The Jacobsen-Katsuki epoxidation and its controversial mechanism. *Angew Chem Int Ed Engl*, 36(19), 2060–2062, 1997

[211] EMBL-EBI, Internetseite: *EBI Dbfetch*,
URL http://srs.ebi.ac.uk

[212] NEB, Manual: *Deep Vent DNA Polymerase*, 2005
URL http://www.neb.com/nebecomm/TechBulletinFiles/techbulletinM0258.pdf

Anhang

Nukleotidsequenz von *aurF*

Hinterlegt auf [211] unter CAE02601

```
ATGCGAGAAGAGCAGCCGCACTTGGCAACCACCTGGGCCGCCCGG    45
GGGTGGGTCGAGGAGGAGGGCATCGGCAGCGCGACCCTGGGCCGG    90
CTGGTGCGCGCCTGGCCACGCCGCGCGGCGGTGGTCAACAAGGCG   135
GACATCCTGGACGAGTGGGCCGACTACGACACGCTCGTCCCCGAC   180
TACCCGCTGGAGATCGTGCCGTTCGCCGAGCACCCCTGTTCCTC    225
GCGGCCGAACCGCACCAGCGGCAGCGCGTGTTGACCGGGATGTGG   270
ATCGGCTACAACGAGCGCGTCATCGCCACCGAGCAGCTCATCGCC   315
GAGCCCGCCTTCGACCTCGTGATGCACGGCGTGTTCCCGGGCAGC   360
GACGACCCGCTCATCCGCAAGAGCGTGCAGCAGGCCATCGTGGAC   405
GAGAGCTTCCACACCTATATGCACATGCTCGCCATCGACCGCACC   450
CGCGAGCTGCGCAAGATCAGCGAACGGCCGCCGCAGCCCGAACTC   495
GTCACCTACCGGCGGCTGCGCCGGGTCCTGGCGGACATGCCCGAG   540
CAGTGGGAGCGGGACATCGCCGTCCTCGTCTGGGGCGCGGTGGCC   585
GAGACCTGCATCAACGCCCTGCTGGCGCTGCTGGCCCGGGACGCG   630
ACCATCCAGCCCATGCACTCCCTGATCACCACCCTGCACCTGCGG   675
GACGAGACGGCGCACGGCTCGATCGTCGTCGAGGTCGTCCGCGAG   720
CTGTACGCCCGGATGAACGAGCAGCAGCGCCGCGCCCTCGTCCGG   765
TGCCTGCCGATCGCGCTGGAGGCGTTCGCCGAACAGGACCTGTCC   810
GCGCTGCTCCTCGAACTGAACGCGGCGGGCATCCGCGGCGCCGAG   855
GAGATCGTGGGGGACCTGCGGTCGACGGCCGGCGGAACGCGGCTC   900
```

```
GTCCGCGACTTCTCCGGCGCCCGGAAGATGGTCGAGCAGCTCGGC    945
CTGGACGACGCCGTCGACTTCGACTTCCCGGAGCGGCCCGACTGG    990
TCGCCCCACACGCCGCGTTGA   1011
```

Aminosäuresequenz des MalE-AurF Fusionsproteins

Sequenz des MalE-Bereiches und der Faktor Xa-Spaltungs-Region aus dem Vektor pMAL-c2x [108]; Sequenz von *aurF*: Aus der Nukleotidsequenz, s.o. AS-Sequenz hinterlegt auf UniProtKB/TrEMBL entry Q70KH9 [110].

MalE

```
MKIEEGKLVIWINGDKGYNGLAEVGKKFEKDTGIKVTVEHPDKLE    45
EKFPQVAATGDGPDIIFWAHDRFGGYAQSGLLAEITPDKAFQDKL    90
YPFTWDAVRYNGKLIAYPIAVEALSLIYNKDLLPNPPKTWEEIPA    135
LDKELKAKGKSALMFNLQEPYFTWPLIAADGGYAFKYENGKYDIK    180
DVGVDNAGAKAGLTFLVDLIKNKHMNADTDYSIAEAAFNKGETAM   225
TINGPWAWSNIDTSKVNYGVTVLPTFKGQPSKPFVGVLSAGINAA   270
SPNKELAKEFLENYLLTDEGLEAVNKDKPLGAVALKSYEEELAKD   315
PRIAATMENAQKGEIMPNIPQMSAFWYAVRTAVINAASGRQTVDE   360
```

    Faktor Xa-Spaltung AurF
        ▼

```
ALKDAQTNSSSNNNNNNNNNNLGIEGRISEFDSGETMREEQPHLA   405
TTWAARGWVEEEGIGSATLGRLVRAWPRRAAVVNKADILDEWADY   450
DTLVPDYPLEIVPFAEHPLFLAAEPHQRQRVLTGMWIGYNERVIA   495
```

```
TEQLIAEPAFDLVMHGVFPGSDDPLIRKSVQQAIVDESFHTYMHM   540
LAIDRTRELRKISERPPQPELVTYRRLRRVLADMPEQWERDIAVL   585
VWGAVAETCINALLALLARDATIQPMHSLITTLHLRDETAHGSIV   630
VEVVRELYARMNEQQRRALVRCLPIALEAFAEQDLSALLLELNAA   675
GIRGAEEIVGDLRSTAGGTRLVRDFSGARKMVEQLGLDDAVDFDF   720
PERPDWSPHTPR   732
```

Vergleich von Polymerasen zur Klonierung

	Taq-Polymerase [94]	Deep Vent® [212]	TripleMaster® [91]
Proofreading	-	√	√
T/A-klonierbar	√	-	√
Sekundärstrukturen	√	-	√
Fehlerrate [10^{-6}]	24	k. A.[17]	2,3

Tabelle 23: Vergleich eingesetzter Polymerasen für die Klonierung

Seltene Codons und Ergänzung durch spezielle Stämme

Codon (AS)	E. coli pro 1000	S. lividans pro 1000	6×His-AurF pro 385	Rosetta 2	Codon-Plus-RP
AGG (Arg)	2,5	3,9	0	√	√
AGA (Arg)	4,2	1,2	1	√	√
CUA (Leu)	4,4	0,5	0	√	-
CCC (Pro)	5,5	22,7	8	√	√
CGG (Arg)	6,4	25,0	18	√	-
AUA (Ile)	7,8	0,7	0	√	-
GGA (Gly)	10,4	6,4	3	√	-

Tabelle 24: Seltene Codons in E. coli und Ergänzung durch spezielle Stämme: Besonders problematische Codons sind grau hinterlegt

---

[17] ca. 10× genauer als Taq [94]

Hochzelldichtefermentation: Online-Messungen

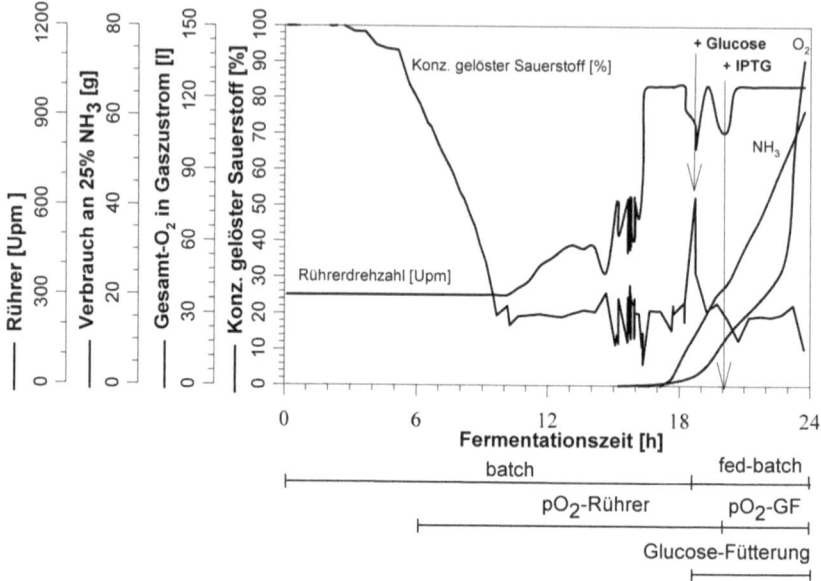

Abbildung 51: *Hochzelldichtefermentation: Online-Messungen*

Kontinuierliche N-Oxygenierung

Rezirkulation des Reaktionsansatzes über eine Säule mit immobilisiertem AurF.

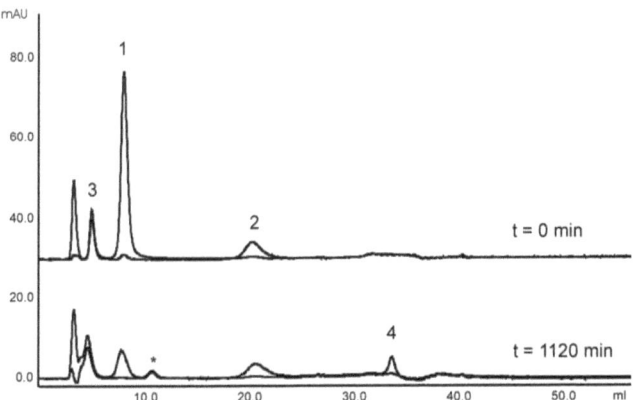

Abbildung 52: *Chromatogramme einer kontinuierlichen N-Oxygenierung:*
1 PABA, 2 2-Aminobenzoat, 3 3-Aminobenzoat, 4 PNBA
★ unspezifisches PABA-Nebenprodukt

Biotransformationen im *in vivo*-Assay

Substrat	Produkt	Bemerkung	Relative Umsatzrate [%]
	Natürliches Substrat		
4-Aminobenzoat	4-Nitrobenzoat	Referenz	100
	Positionsisomere		
2-Aminobenzoat	-	-	-
3-Aminobenzoat	-	-	-
2,4-Diaminobenzoat	2-Amino-4-nitro-benzoat	-	12
3,4-Diaminobenzoat	3-Amino-4-nitro-benzoat	-	18
	Modifikationen an NH$_2$		
4-(Aminomethyl)-benzoat	-	-	-
Phenylhydrazin-4-carbonat	-	-	-
4-Propylamino-benzoat	-	-	-
4-Dimethylamino-benzoat	-	-	-
	Modifikationen an COOH		
4-Aminobenzoat-methylester	4-Nitrobenzoat	Esterspaltung durch *S. liv.*	s. PABA
4-Aminobenzoat-ethylester	4-Nitrobenzoat	Esterspaltung durch *S. liv.*	s. PABA
4-Aminophenyl-essigsäure	4-Nitrophenyl-essigsäure	-	26

4-Aminobenzensulfonat	4-Nitrobenzensulfonat	-	4
2,4-Diaminobenzensulfonat	2-Amino-4-nitrobenzensulfonat	Regioselektiv!	19
4-Anisidin	-	-	-
4-Aminoacetophenon	-	-	-
4-Amino-L-phenylalanin	-	-	-
4-Toluidin	-	-	-
Aureothamin	-	Ausschluss Post-PKS	-
Candicidin	-	Makrolid	-
4-Nitroanilin	-	Farbstoff	-
Dispers Orange 3	-	Farbstoff	-
Fuchsin	-	Farbstoff	-
Zusätzliche/veränderte Ringsubstituenten			
4-Amino-2-hydroxy-benzoat	4-Nitro-2-hydroxy-benzoat	-	54
4-Amino-3-hydroxy-benzoat	4-Nitro-3-hydroxy-benzoat	-	5
4-Amino-2-methyl-benzoat	4-Nitro-2-methyl-benzoat	Mit putativem Hydroxyl-Intermediat	16
4-Amino-3-methyl-benzoat	4-Nitro-3-methyl-benzoat	-	31
3-Amino-4-methyl-benzoat	-	-	-
3-Amino-5-methyl-benzoat	-	-	-

Tabelle 25: Biotransformationen im in vivo-Assay, aus [109]

MALDI-TOF und MALDI-TOF/TOF Spektren

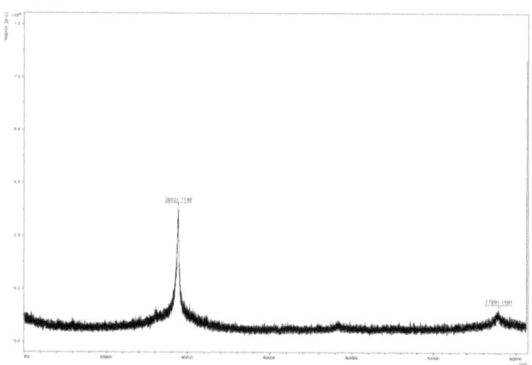

Abbildung 53: MALDI-TOF Spektrum von Faktor Xa-AurF

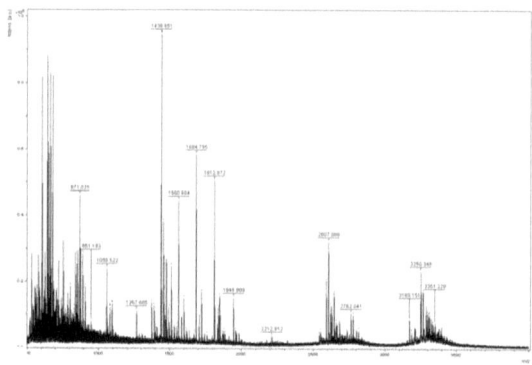

Abbildung 54: Tryptischer Fingerprint von 9 AS-AurF: MALDI-TOF Spektrum

Zirkulardichroismus: Temperaturdenaturierung

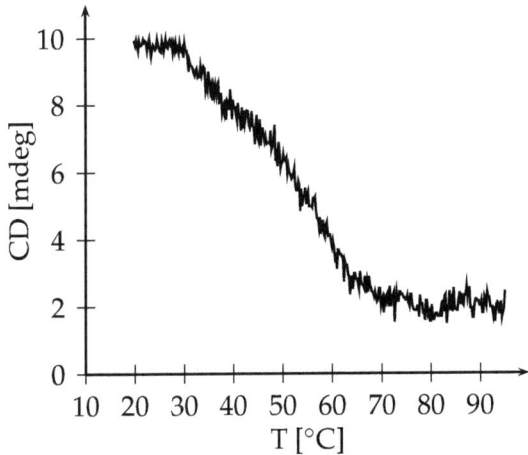

Abbildung 55: *Untersuchung der Temperaturstablilität von 9 AS-AurF mittels CD: Änderung des CD bei 193,5 nm*

Übersicht über durchgeführte Mutagenesen

Position NS	AS	Original		Mutationen (jeweils Codon und kodierte Aminosäure)							
Mutation der metallkomplexierenden Aminosäuren											
415	139	CAC	H	GCG	A						
667	223	CAC	H	GCG	A						
688	230	CAC	H	GCG	A						
301	101	GAG	E	GCG	A	CAG	Q	GAT	D	AAC	N
406	136	GAG	E	GCG	A	CAG	Q	GAT	D	AAC	N
586	196	GAG	E	GCG	A	CAG	Q	GAT	D	AAC	N
679	227	GAG	E	GCG	A	CAG	Q	GAT	D	AAC	N
Mutation der substratbindenden Aminosäuren											
286	96	CGC	R	GCG	A						
298	100	ACC	T	GCG	A	CTG	L				
604	202	CTG	L	TTT	F						
790	264	TTC	F	GCG	A						
898	300	CTC	L	TGG	W						

Tabelle 26: Mutationen an AurF: NS Nukleinsäure, AS Aminosäure

Metallkoordinierung: Aminosäureliganden nach Simurdiak et al.

Vergleich der AurF-Kristalldaten mit Sequenzhomologiedaten:

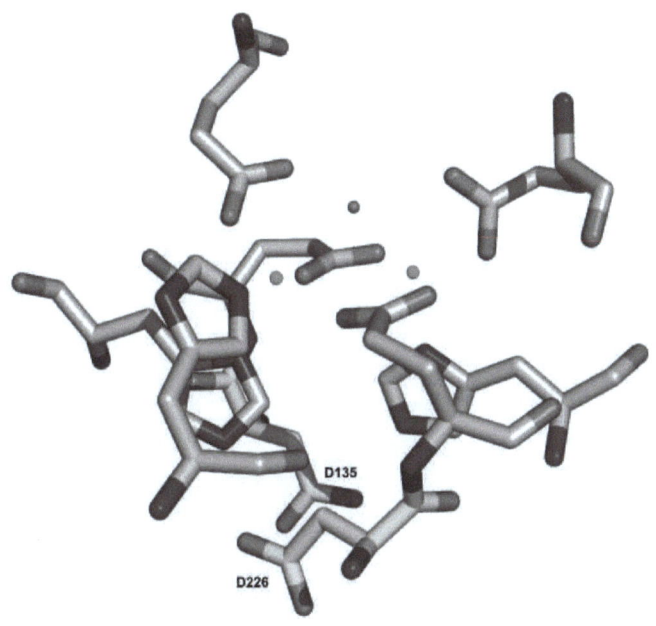

Abbildung 56: Metallkomplexierende Aminosäureliganden nach SIMURDIAK, LEE und ZHAO [146]; die anhand von Sequenzhomologie vorausgesagten Aspartat-Liganden sind gelb gefärbt

i want morebooks!

Buy your books fast and straightforward online - at one of world's fastest growing online book stores! Environmentally sound due to Print-on-Demand technologies.

Buy your books online at

www.get-morebooks.com

Kaufen Sie Ihre Bücher schnell und unkompliziert online – auf einer der am schnellsten wachsenden Buchhandelsplattformen weltweit! Dank Print-On-Demand umwelt- und ressourcenschonend produziert.

Bücher schneller online kaufen

www.morebooks.de

VDM Verlagsservicegesellschaft mbH
Heinrich-Böcking-Str. 6-8   Telefon: +49 681 3720 174   info@vdm-vsg.de
D - 66121 Saarbrücken   Telefax: +49 681 3720 1749   www.vdm-vsg.de

Printed by Books on Demand GmbH, Norderstedt / Germany